이 책을 읽는 모든 독자들에게

동물과 인간을 포함한 모든 살아있는 생명에 대한
호기심과 따뜻한 사랑이 가득하기를 바랍니다.

사람과 동물이 서로 아끼고 사랑한다면
이 세상을 좀 더 나은 곳으로 만들 수 있을 거예요!

차례

동물은 우리에게 한없는 사랑을 줍니다.
모든 동물이 사랑과 보호 아래
최선의 의료 서비스를 누릴 수 있는 날이 왔으면 좋겠어요.

들어가는 글

"언제 수의사가 되겠다고 결심하셨어요?"

사람들이 나에게 가장 많이 던지는 질문입니다. 아마도 수의사가 되겠다고 마음을 먹고 인생을 바꾼 특별한 계기가 있을 거라고 생각하는 것 같아요. 물론 어느 정도 벼락처럼 다가온 순간을 이야기할 순 있지만, 나는 동물을 돌보며 사는 운명을 타고난 것 같아요.

걷고 말하기 시작한 때부터 동물은 내 삶에서 중요한 부분을 차지했어요. 어린 시절, 아일랜드 시골 농장에서 크고 작은 동물들과 함께 자랐고요. 어른이 되어서는 동물병원에서 수많은 환자들을 치료해 왔죠. 그리고 오십 살이 넘은 지금까지, 열 마리도 넘는 **반려동물**을 키우며 많은 것을 배웠어요. 소소한 깨달음도 있었지만 평생 잊을 수 없는 교훈도 얻었죠. 거짓말 하나 보태지 않고, 그 모든 반려동물들이 없었다면 나는 절대 지금과 같은 사람이 되지 못했을 거예요.

여러분은 나를 〈슈퍼 수의사〉*라는 텔레비전 프로그램에서 봤을 거예요. 하지만 방송에 나온 모습은 내 삶의 일부분이에요. 나는 매일 병원에 출근

* 노엘 피츠패트릭이 동물 환자들을 수술하고 치료하는 내용을 보여 주는 인기 프로그램이에요. 영국 방송사 〈채널 4〉가 2014년부터 2023년까지 방영했답니다. 우리나라에서는 〈BBC Earth〉를 통해 '최고의 수의사'라는 제목으로 소개됐어요.

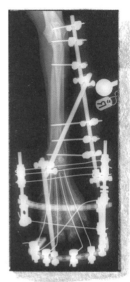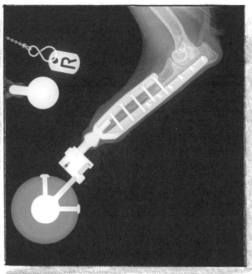

내가 수술한 부위를
찍은 엑스레이 사진들

해 능력 있고 헌신적인 동료들과 함께 일하고 있어요. 뼈·근육·힘줄·척추·신경 등에 문제가 생긴 동물 환자들의 몸을 절개하고 수술하는 '신경-정형외과' 전문 수의사로서 말이에요. 이런 수술은 굉장히 복잡하고 까다로워서 몇 시간씩 걸리기도 한답니다.

나는 특히 **'생체공학 수술'**을 하는 수의사로 잘 알려져 있어요. 생체공학 수술이란 장기와 팔다리 등 신체의 기능을 대신할 수 있는 **인공기관이나 임플란트**를 환자의 몸에 부착하거나 삽입하는 수술이에요. 쉽게 말해 생체공학 기술로 만든 인공 신체 조직을 환자 몸에 넣어 병을 고치는 것이죠. 이를 위해 엔지니어들과 팀을 이뤄 도움이 필요한 동물들 각각에 맞는 임플란트를 설계한답니다. 생체공학 수술은 과정이 단순할수록 좋아요. 어떤 문제든 가장 쉽고 간단한 해결책을 찾는 것이 중요하다고 생각하거든요.

사람들은 흔히 인간이나 동물 몸속에 삽입하는 모든 종류의 임플란트를 생체공학이라고 생각하지만, 사실 그렇지 않아요. 예를 들어 뼈가 부러졌을 때 플레이트를 대고, 나사(스크류)를 조이고, 핀을 고정하고, 골절 부위를 접합하는 등의 임플란트는 신체가 최대한 정상적으로 기능하도록 돕는 수준의 처치예요.

여러분은 '생체공학'이란 말을 들으면, 바로 초능력을 가진 로봇 동물이 떠오르나요? 이 책을 읽는 대부분의 친구들이 그렇게 생각할 텐데, 충분히 그럴 수 있다고 봐요. 생체공학은 1950년대 미국인 의사 잭 스틸이 '생물학'과 '전자공학'을 합성해서 만든 말이에요.

그러다가 1970년대 인기리에 방영된 텔레비전 드라마

〈6백만 달러의 사나이〉와 〈소머즈〉를 통해 생체공학이라는 개념이 대중적으로 널리 알려졌어요.

나도 〈6백만 달러의 사나이〉를 즐겨 봤죠. 이 드라마는 비행기 사고로 두 다리와 팔 하나, 한쪽 눈을 잃은 남자가 생체공학 기술로 만든 팔다리와 눈을 이식받고 첩보원으로 활약하는 이야기예요. 생체공학 덕분에 엄청난 속도로 달리고 보통 사람들 눈에는 보이지 않는 것도 볼 수 있는 초능력에 가까운 힘을 얻은 것이지요.

이 드라마가 인기를 얻자 생체공학이란 말은 초인적인 힘을 가진 사람이나, 전자 또는 기계 장치를 몸에 부착한 사람을 가리키는 용어로 쓰이게 됐어요. 현대 기술의 발달로 드라마 속 이야기가 현실에 한층 **가까워졌지만** 진짜 '6백만 달러의 사나이'가 되는 건 아직 까마득한 일이랍니다.

하지만 내가 치료한 동물들 중 일부는 진짜 '생체공학 동물'이에요! 태어날 때부터 장애가 있거나 사고로 **신체 조직의 일부를 잃고** 나를 찾아온 동물들이죠. 암과 같은 질병 때문에 특정 부위를 제거하고 새로운 조직이 필요한 동물도 있고요. 나와 우리 병원은 동물 환자들에게 꼭 필요한 인공 조직을 만들어 수술을 해 주고 환자의 몸이 다시 제 기능을 하도록 도와준답니다. 그렇다고 환자들이 초능력을 얻는 건 아니에요. 하지만 여러분도 곧 알게 될 거예요. 내가 발명한 생체공학 조직의 상당수는 **만화책**에 나오는 '슈퍼히어로들'에게서 영감을 받아 탄생했다는 사실을요.

'슈퍼 수의사'라는 호칭은 모든 병을 치료할 수 있다는 인상을 줄 거예요. 놀라운 현대 의료기술의 동물에 대한 사랑 그리고 부단한 노력이 더해져 많은 환자들을 **고칠 수 있었죠.** 하지만 항상 치료에 성공하는 건 아니에요. 어떤 병은 도저히 고칠 수 없고, 수술이 실패로 돌아갈 때도 있으니까요. 때로는 손상된 조직을 살리지 못하고 **절단**해야 하거나, 안타깝지만 환자가 더 이상 고통받지 않도록 안락사를 권해야 할 때도 있어요. 나는 날마다 새로운 걸 배우고 더 나아지기 위해 노력할 따름이에요. 여러분이 이 책을 통해 나의 성공담뿐 아니라 도전과 실패까지도 살펴보길 바랍니다.

한 가지 분명한 사실은, 문제를 해결하는 데 실마리가 된 모든 아이디어는 과거 실패한 경험으로부터 비롯됐다는 거예요. 나 자신 혹은 다른 누군가가 실패를 겪은 덕분에 새로운 깨달음을 얻을 수 있었어요.

이 책은 동물을 돌보고 고통에서 구해 주겠다는 포부를 기르던 어린 시절부터 백여 명의 의료진이 일하는 대형 동물병원을 운영하는 지금에 이르기까지, 여전히 꿈을 이루기 위해 노력하는 내 인생 전체를 보여 줄 거예요. 내 꿈을 한마디로 표현하면, 반려동물들에게 '공정한 대우를 해 주는 것'이에요.

동물들은 우리에게 한없는 사랑을 준답니다. 그러니 우리도 그 사랑을 되돌려줘야죠. 나는 모든 동물이 사랑과 보호 아래 최선의 의료 서비스를 누릴 수 있는 날이 왔으면 좋겠어요.

그 꿈을 이루려면 여러분의 도움이 필요해요. 여러분에겐 힘이 있거든요. 여러분이 동물을 사랑하는 모습을 보노라면, 미래에 대한 희망으로 가슴이 벅차올라요. 어떤 동물이든 이들을 위해 최선을 다하는 순간, 변화가 시작돼요.

때로 세상이 무섭게 느껴질 수도 있어요. 여러분도 '기후변화'에 대해 들어 봤죠? 지구 환경을 지키는 것이 얼마나 중요한지도 잘 알고 있을 거예요. 우리 인간과 동물이 서로 아끼고 돌본다면 위기를 극복하고 밝은 미래를 맞이할 수 있어요.

무엇보다 내가 만난 멋진 동물들의 놀라운 이야기를 통해 여러분도 영감을 얻길 바랄게요. 동물의 신체나 생명을 구하는 건 정말 **영광스러운** 일이며, **한 순간도 감사함을 잊은 적이 없어요. 수의사라는 직업의 가장 좋은 점은 동물과 보호자 사이에 흐르는 따뜻한 사랑과 끈끈한 유대를 볼 수 있다는 거예요. 바로 이 사랑이 우리 안의 모든 걱정과 두려움을 잠재우고 벽을 허무는 열쇠랍니다.**

이것을 '무조건적인 사랑'이라고 부르는 이유는 **그 사랑에는 정말 아무 조건도 없기 때문이에요.** 동물들의 사랑과 용기, 생명을 지키려는 굳은 의지와 창의성을 본받는다면, **모든 생명체가 살기 좋은 지구를 만들 수 있을 거예요.**

1장

시작

　　나는 아일랜드에서 태어나고 자라면서 교육받은 수의사이지만, 지금은 영국 런던 근교에 살고 있어요. 가끔은 영국 안팎을 여행하기도 하는데, 대부분의 시간을 신경-정형외과(운동과 신경 체계에 영향을 미치는 근육, 골격계, 척추 조직을 다루는 과) 전문 동물병원에서 보내고 있어요.

　　나를 찾아오는 동물들은 통증이나 질병으로 고통받거나, 이전에 수술을 받았지만 실패해서 재수술이 필요한 경우가 많아요. 나는 이런 동물들과 보호자들을 만나면서 말로 다 할 수 없는 **기쁨**과 **슬픔**을 느끼곤 한답니다.

　　이 책을 통해 내가 만난 놀라운 동물들에 관한 흥미로운 이야기 외에도 '**동물과 우리는 지구상에서 함께 살아가는 존재**'라는 메시지가 잘 전달됐으면 좋겠어요. 동물을 우리와 마찬가지로 존엄성을 가진 존재로 여기고, 연민과 사랑으로 바라봤으면 좋겠어요.

그들이 야생 서식지에서 살든, 여러분 집 거실 소파에서 몸을 웅크리고 자고 있든, 우리는 동물들 하나하나를 돌봐야 해요. 이들은 비록 사람처럼 말을 하거나, 직업과 돈에 대해 걱정하거나, 어떻게 꿈을 이루고 명성을 얻을지 고민하지는 않지만, 우리와 똑같이 소중한 존재예요. 동물이 우리를 사랑해 주는 만큼이나 그들도 무조건적인 사랑을 받을 자격이 있어요.

우리는 동물들에게서 정말 많은 것을 배울 수 있습니다. 나도 그랬으니까요. 동물들은 우리를 훨씬 친절하고 나은 사람으로 만들어 줍니다.

시골 소년, 생체공학 수의사가 되다

내가 자란 동네는 아일랜드 레이시 주의 발리핀이라는 시골 마을이에요. 주로 소나 양 등의 가축을 기르는 지역으로 밀, 보리, 순무 따위의 작물도 재배했어요. 푸른 초원에는 울타리를 두른 외양간이나 헛간이 군데군데 있었어요. 농기계를 끄는 트랙터 뒤로 자동차들이 느릿느릿 좁은 길을 달리던 한적한 동네였죠. 지평선이 **슬리브 블룸** 산자락을 둘러싸고 있어 햇볕 여린 날엔 하늘이 투명한 빛을 띠었다가, 폭풍이 몰려오면 검붉게 물들고, 안개 자욱한 날엔 앞이 보이지 않는 등 날씨가 시시각각 바뀌곤 했어요. 빗방울이 얼굴에 후드득 떨어져도 기분이 좋았답니다. 특히 나무에 꽃이 만개하는 봄이 오면 이곳은 정말 아름답게 빛났어요. 새벽을 맞는 새소리가 울려 퍼지고 초원 위에 펼쳐진 울타리와 초목 어디서나 새 생명이 싹을 틔웠죠.

우리 아버지는 농부였어요. 아버지의 아버지도 농부였고요. 아버지가 입 밖으로 꺼낸 적은 없지만 내가 동물을 돌보는 일을 하게 될 줄 예감하셨을 거예요. 내가 자란 배경을 떠올려 보면 달리 생각할 이유가 없죠. 하지만 난 농부가 되고 싶지는 않았어요. **상상력**과 **창의성**을 발휘해 동물을 돕는 직업을 갖고 싶었거든요.

초등학생 때는 읽고 쓰는 걸 잘하지 못했지만 **만화책**을 무척 좋아했어요. 멋진 그림들에 홀딱 빠져 시간 가는 줄도 몰랐죠. 음악을 듣는 것도 좋아했어요. 폐기물 더미에서 주워 온 고물 라디오에 철제 옷걸이에서 빼낸 쇠막대를 안테나처럼 달아 노래를 들었죠. 오십 펜스짜리 동전을 넣어야 방송이 나오는 구식 텔레비전으로 팝가수나 록스타들의 공연도 봤어요. 열한 살 무렵에는 기타가 너무 갖고 싶었어요. 하지만 악기를 쓸모없는 물건쯤으로 여기시던 아버지는 내 손에 소뿔 자르는 커다란 톱을 쥐여 주시며 톱날이나 잘 갈고 오라고 하셨어요. 반짝반짝 광이 날 때까지 닦으라는 말씀도 잊지 않으셨죠. 울고 싶은 심정이었지만, 따지고 보면 서운할 것도 없었어요. 아버지는 원래 그런 분이었고

나도 아버지의 반응을 예상하고 있었으니까요. 말수가 적은 분이라 '**사랑한다**', '**네가 자랑스럽구나**'라는 말씀은 한 번도 안 했지만, 속으로는 날 대견하게 여기신다는 걸 알고 있었어요.

부모님과 남동생 그리고 여동생들까지 우리 가족은 돌로 지은 집에서 살았어요. 벽 틈에는 쥐가 숨어 살고 지붕에는 새가 둥지를 틀었죠. 길고양이가 건초를 쌓아 올린 헛간에 들어가 몰래 새끼를 낳기도 했어요. 어머니가 쥐를 잡겠다고 덫을 놓았는데, 요즘처럼 **인도적인** 방식이 아니라 목을 완전히 부러뜨려 놓는 덫이었어요. 나는 그 위에 낡은 옷가지를 덮어 두고 쥐가 덫을 피해 가기만 빌었어요. 부모님은 그런 나를 못마땅해하셨지만, 나는 어린 나이에도 **큰 동물이**

든 작은 동물이든 모든 생명을 소중히 여겼어요.

형편이 좋지는 않았지만 부모님은 열심히 사는 분들이었어요. 집에 돈이 별로 없어도 가난한 줄도 모르고 자랐어요. 주변에 부자가 아무도 없는 작은 시골 마을이었으니까요. 부유함과 가난의 차이도 몰랐던 거예요. 난방 장치가 없어서 겨울에는 석탄 난로로 몸을 녹이고 침대에 이불을 몇 장씩이나 깔고 잤어요. 밤사이 창문에 성에가 낄 정도였으니 **아침에 침대에서 몸을 일으키는 것이 얼마나 힘들었는지 몰라요.**

한밤중에 들판으로 나가 새끼를 밴 어미 양들이 잘 있는지 둘러보는 심부름도 했어요. 그래서 어릴 때부터 올빼미 체질이 돼 버렸죠. 그러다가 내가 글을 읽고 쓰는 걸 잘 못한다는 걸 깨달은 뒤로는 밤늦도록 공부하기 시작했어요. 그런 습관이 굳어져 지금도 늦은 밤까지 일하는 버릇이 있어요. 지금 여러분이 읽고 있는 이 책을 쓸 때도 그랬고요. 나는 절대 '아침형 인간'이 못 된답니다! 가끔 병원 침대에서 잠들 때가 있는데, 아침에 출근한 직원들이 곧 첫 환자가 도착한다고 알려 주며 이렇게 말해요. **"선생님은 이제 막 겨**

울잠에서 깬 곰 같아요."

농장에는 언제나 할 일이 태산이었어요. 울타리를 고치고, 말발굽을 다듬고, 파리가 양털에 알을 까지 못하게 일부러 악취 나는 액체로 양을 목욕시키는 등 할 일이 정말 많았죠. 게으름을 피웠다가는 알에서 유충이 부화해 양의 피부를 파고들거든요. 아주 중요한 작업이지만 냄새가 엄청 고약했어요.

그래서인지 지금도 나는 오랫동안 가만히 앉아있질 못해요. **내 기억에 아버지는 쉬는 날도 거의 없이 일하셨기 때문에 나와 형제자매들도 부지런을 떨었어요. 아홉 살 무렵에 들판으로 트랙터를 몰고 나가기 시작했고(운전 미숙으로 고생한 경험담은 뒤에서 자세히 들려줄게요)**, 사료로 쓸 순무와 보리를 재배하기 위해 십 대부터 들판에 배수로를 파서 물을 댔어요. 농장 일은 협력이 중요해요. 발리핀에서는 이웃 농가끼리 서로 도우며 지냈어요. 마을 농장들 옆으로 난 시골길을 걸으며 양과 소에게 풀을 먹이거나 초여

름엔 양털 깎기 품앗이를 하는 등 온 마을이 한 가족처럼 지냈던 기억이 지금도 생생하답니다.

양과 소를 기르는 우리 집도 예닐곱 군데의 목초지가 있었어요. 아버지는 새끼 양과 송아지를 키워 도축업자에게 팔았어요. 동물의 생명을 구한다는 사람이, 잡아먹기 위해 동물을 키우는 가정에서 자랐다는 게 이상해 보이죠? 하지만 그런 경험이 없었다면 지금의 나는 사뭇 다른 사람이 돼 있었을 거예요.

새끼 양들을 트럭에 싣고 **어디론가 떠나보내는 게 가장 힘들었어요.** 양이 자기 운명을 알 리 없지만, 겁에 질린 울음소리를 듣고 있노라면 마치 자기에게 닥칠 일을 아는 것처럼 느껴져 **마음이 무척 아팠어요.** 작별 인사를 하는 녀석들은 바로 내 친구였으니까요. 육식에 대한 편견은 없어요. 지금은 육식을 끊은 지 오래됐지만, 나도 그때만 해도 고기를 잘 먹었어요.

사람은 자신이 옳다고 믿는 일을 해야 해요. 소와 양들도 사람이 먹지 않는다면 존재하지 못했을 테고요. 다만 **동물들이 살아 있는 동안엔 세심하고 편안하게 대하는** 등 인도적인 방법으로 돌보는 것이 중요하다고 생각해요.

소를 돌보는 일도 만만치 않았어요. 십 대인 내게 맡겨진 일 중 하나가 소뿔 자르기였어요. 자세히 묘사하긴 어렵지만, 어린 시절 가장 강렬한 기억 중 하나죠. 한창 날뛰는 수송아지들은 서로 엉겨 붙으며 뿔에 다치는 일이 많았어요. 특히 시장에 팔려 갈 때 더 심했어요. 그래서 아버지가 기타 대신 건네주신 톱으로 뿔을 잘라 줬죠. 지금도 내 진료실 벽에는 주사기, **겸자**와 함께 톱이 걸려 있는데, 그걸 볼 때마다 어린 시절이 떠올라요. 겸자는 가위처럼 손잡이가 달린 금속 핀셋 도구로, 미세한 조직을 잡을 때 이용해요. 소뿔을 자를 때 피가 솟구치는데, 이때 겸자로 소뿔에 있는 혈관(소뿔에서 몸으로 이어지는 혈액 관)을 단단히 붙들지요. 소뿔 자르는 과정은 다음과 같아요.

① 어린 수송아지를 고정대 앞으로 데리고 나와요.
② 죔쇠에 송아지의 머리를 고정시켜요.
③ 고통을 느끼지 않도록 뿔 아래쪽 신경 부위에 마취제를 주사해요.
④ 콧속에 집게를 넣고 송아지가 움직이지 못하게 해요.
⑤ 톱으로 뿔 밑동까지 바짝 자른 뒤, 출혈이 멎을 때까지 겸자로 혈관을 꽉 붙들어요.

요즘은 뿔이 다 자라기 전, 그러니까 송아지가 아주 어릴 때 뿔을 제거하는데 이것이 송아지에게 덜 고통스러운 방법이에요. 세월이 흐르면서 많은 농가가 예전보다 훨씬 **인도적인** 방법으로 동물들을 다루고 있어 다행이에요. 모든 생명체는 더 나은 처우와 존중을 받을 권리가 있으니까요.

시골 농가에서 자라면 삶과 죽음 그리고 고통의 실체를 날마다 마주하게 돼요. 우리가 키우는 동물 대부분이 인간의 먹거리가 될 운명을 피할 수 없겠지만, 훌륭한 농부라면 그들이 최대한 편안한 삶을 누릴 수 있도록 도와줄 거예요. 발굽에 염증이 생겨 절뚝이는 송아지든, 눈병에 걸린 새끼 양이든 **최선을 다해 고쳐 줘야 해요.**

농부들은 수의사의 도움 없이 스스로 문제를 해결하는 방법을 터득한답니다. 찢어진 데가 있으면 실과 바늘로 상처를 꿰매고 부러진 다리에 나뭇가지로 부목을 대는 등 아무 도구로나 뚝딱뚝딱 고쳐 주고, 아픈 증상에 따라 필요한 약을 먹여 줘요. 때로는 아픈 동물에게 안락사 외에는 해 줄 수 있는 일이 없을 때도 있어요. 나는 오랜 시간 이 모든 일을 묵묵히 해내는 아버지를 보며, **죽음은 피할 수 없는 삶의 일부**라는 사실을 이해하게 됐어요. 그래서 죽음이 두렵지 않았죠.

동물이 생계수단이었던 아버지는 지금의 나처럼 반려동물과 더불어 사는 호사를 누리진 못하셨지만, 누구보다 동물을 잘 돌봐 줬고 **생명을 아꼈으며** 동물이 고통받는 걸 꺼렸어요. 아버지가 〈슈퍼 수의사〉를 보거나 내가 일하는 동물병원을 둘러본다면 뭐라고 말씀하실지 궁금해요. 아들이 커서 농부가 되지 않을 줄은 짐작하셨겠지만, 생체공학을 이용해 개와 고양이의 몸을 고쳐 주는 수의사가 될 거라고는 꿈에도 모르셨을 거예요. 나뭇가지로 부목을 대던 그 시절과 비교하면, 의료기술이 얼마나 발전했는지 알면 무척 놀라실 것 같아요. 무엇보다 아픈 동물들을 대하는 내 태도를 보고 자랑스러워하셨으면 좋겠어요. 동물들로 둘러싸인 시골 농가에서 우리 아버지 밑에서 자라지 않았다면, 내가 어떤 사람이 됐을지 누가 알겠어요?

트럭에 실려 가는 새끼 양들을 보며 눈물 훔치던 소년의 모습이 지금도 내 안에 남아 있어요. 남이 볼까 봐 꽁꽁 숨기고 있을지언정, 날 찾아온 동물들을 보면 안타까워 어쩔 줄 모르겠어요. 그들의 고통을 이해하고 위로해 주고 싶어요. 수십 년간 진료 경험을 쌓은 수의사로서 내가 할 수 있는 일은 최대한 정확하게 문제를 설명해 주고 해볼 수 있는 모든 치료법을 제시하는 거예요. **사람을 고치는 의사와 마찬가지로 수의사에게 가장 중요한 덕목도 신뢰니까요.** 내 진료실에 들어온 환자와 보호자는 나를 믿고 찾아왔기 때문에 나도 이에 보답하고 싶어요. 사탕 발린 말로 안심시키기보다는, 최선을 다해 그들의 고통을 줄이고 삶의 질을 높이기 위해 최선을 다하겠노라 약속하는 것이죠. 하지만 끝끝내 생명을 구하지 못했을 땐 절절한 마음에 눈물만 흐른답니다.

2장
첫 단계

'저절로 알게 될 거야'

어린 시절, 나는 농장 일에 서툴렀어요. 잘하는 것이 많지 않았죠. 그런데 막 태어나는 새끼 양을 받아 내는 일은 예외였어요. 새 생명을 세상 밖으로 끄집어내는 건 정말 신나고 신기한 일이었어요. 봄은 양이 새끼를 낳는 계절이에요. 2월부터 새끼들이 태어나기 시작하는데요. 이른 봄, 목장은 아직 눈발이 날리거나 얼어붙을 듯 차가운 빗방울이 내려 스산해요. 하지만 우리 가족은 한 사람도 빠짐없이 출산이 임박한 어미 양들을 지켜봤어요. **나는 늦은 밤에 당번을 맡곤 했어요.** 어미 양이 괜찮은지 지켜보다가 혹시 새끼를 낳을 기미가 보이면 아버지를 불렀죠. 나중에는 어미 양이 따뜻한 곳에서 새끼를 낳을 수 있게 헛간을 마련했지만,

내가 어릴 땐 들판 한가운데서 새끼를 낳았어요. 평소에는 집 안에 양을 들이지 않지만, 어미 양이 새끼를 낳으면 이틀 정도 집 안에서 쉬게 해 줬답니다.

양은 보통 새끼를 한두 마리 정도 낳아요. 하지만 세 마리나, 아주 드물게 네 마리를 낳기도 하는데요. 어미 양은 젖꼭지가 두 개뿐이기 때문에 새끼를 세 마리 이상 낳으면 젖을 물지 못하는 새끼가 있어요. 그럴 땐 **'나머지' 새끼들도 건강하게 살아남을 수 있도록 며칠 동안은 우유병에 젖을 담아 먹여 줬어요.** 힘이 없어 제대로 서지도 못하는 새끼 양이 있으면, 발끝까지 담요를 감싸서 몸을 따뜻하게 해 줬고요. 아버지는 가끔 판지로 만든 상자 안에 새끼 양을 담아 석탄 화로가 딸린 오븐 안에 한동안 넣어 뒀어요.

농부들은 새끼를 한 마리만 낳은 어미 양의 옆에 다른 어미의 '나머지' 새끼를 슬쩍 데려다 놓기도 했는데요. 그럴 땐 남의 새끼인 줄 눈치채지 못하게 재빨리 움직였죠. '나머지' 새끼 몸에 새 어미한테서 나온 태반(어미 몸속에 있을 때 새끼가 자라는 주머니)을 문질러 주면, 그 어미는 새끼의 냄새를 맡고 싹싹 핥아 주며 그 '나머지' 새끼를 자기 자식으로 여긴답니다. 어미와 새끼 사이에 **끈끈한 정이 솟아나는 순간이지요.**

아버지는 내가 양들에게 이름을 지어 주는 걸 보고 놀라셨어요. 양을 이름으로 부르는 건 생각도 못 한 분이니까요. 아버지는 양을 '돈벌이'로 여기셨어요. 농부들은 새끼양과 어미 (또는 아비) 몸에 스프레이로 똑같은 숫자나 글자를 써넣었어요. 그러면 들판에 나갔을 때 서로 흩어지더라도 새끼에게 부모를 찾아 줄 수 있으니까요. 하지만 우리 집은 스프레이로 번호를 새기지 않았어요. 나는 새끼들과 어미 양들이 한데 뒤섞인 우리 목장을 **난장판** 같다고 생각했어요. 특히 양떼를 몰고 들판을 옮겨 다닐 땐 더욱 혼란스러웠죠. 하지만 아버지는 누가 누구의 어미이고 새끼인지 바로 구별하셨어요. 한번은 어떻게 그렇게 잘 알아보시는지 여쭤 봤는데, 아버지는 한쪽 입꼬리를 씩 올리며 대수롭지 않다는 듯이 말씀하셨어요. **"그냥 알아."**

나는 그것을 오랫동안 양을 돌본 경험에서 우러나온

직관이라고 생각해요. 굳이 이름을 짓지 않아도 아버지는 한 마리 한 마리 다 파악하고 있었던 거예요. 나는 지금도 가끔 그 말을 떠올리곤 해요. 내가 그토록 많은 동물을 돌볼 수 있는 것도 경험이 쌓인 덕분이에요. **세상에 똑같은 사람은 없듯, 모든 동물이 서로 달라요.** 수술도 할 때마다 조금씩 다 다르답니다. 수술대에서 환자 몸에 메스를 대면서 놀랄 때가 많아요. 수술을 하면서 매번 새로운 것을 배우게 되니까요.

1990년 수의대학을 갓 졸업하고 대동물 수의사로 일하기 시작한 때부터 지금까지 한시도 내 곁을 떠난 적 없는 것들이 있어요. 수의사에게 가장 든든한 도구는 심장 박동을 듣는 **청진기**, 열을 재는 **체온계** 그리고 나만의 오롯한 감각이에요. 나는 쪽잠을 자며 이 목장, 저 목장으로 진료를 하러 다니거나 응급 호출을 알리는 삐삐(그땐 핸드폰이 없었답니다) 수신음을 듣고 전화기가 있는 농가로 급히 달려가곤 했는데요. 주로 돼지, 소, 염소, 양, 심지어 경마장의 말이 아프다며 돌봐 달라는 호출이었죠. 그럴 땐 빨리 아픈 동물들의 상태를 확인해야 했어요. **눈으로 살펴**

보고, 손으로 눌러 보고, 신음 소리가 나는지, 가슴에서 무언가 맞부딪히는 소리가 들리는지 **귀를 기울였어요.** 병의 징후를 찾기 위해 코로 동물의 **숨결을 맡아 보기도 했고요.**

우리 병원에선 동물 환자에게 링거를 놔 주기도 합니다. 작은 비닐 팩에 든 치료용 수액을 주사바늘과 연결해 환자 몸에 주입하는 처치예요. 수액과 약물은 정맥으로 흘러 들어가 혈류를 타고 몸 구석구석까지 전달된답니다. 링거는 탈수증을 막고, 장이나 폐의 감염 등 여러 가지 질병으로부터 회복을 돕는 효과가 있어요. 이때 박테리아에 감염되지 않도록 멸균한 도구를 쓰죠. 박테리아란 질병을 일으킬 수 있는 미생물이기 때문에 혈관 속에 들어가지 않도록 조심해야 해요. 하지만 예전 농가에는 적절한 멸균 장비가 없었어요.

대신에 나는 냄비에 정제 소금과 베이킹소다를 넣고 끓인 물을 식혀 수액을 만들었어요. 그런 다음 커다란 플라스틱병 아랫부분을 잘라 내 깔때기를 만들고 '하임리히 밸브'라고 부르는 오렌지색 튜브에 연결했어요. 동물 목 부위에 있는 경정맥에 주삿바늘을 꽂고 이 튜브에서 수액을 흘려보냈어요. 농부들은 소금과 베이킹소다의 양을 어떻게 가능하냐고 묻곤 했는데, 그건 옛 수의학 전통에서 훌륭한 스승들을 찾은 덕분이라고 할 수 있어요. 그분들은 수의사로서 '직관'을 따르는 법과 **저절로 알게 된다**는 말의 의미를 일깨워 주셨죠. 나는 지금도 이러한 직관을 따르며 환자들을 돌보고 있어요.

최근 회갈색 모발에 윤기가 흐르고 파란 눈이 예쁜 '티토' 라는 이름의 와이마라너 강아지가 병원에 실려 왔어요. 가엾게도 자동차에 치여 하체를 크게 다친 상태였어요. 뒷다리가 모두 부러진 데다, 특히 **허벅지뼈**(대퇴골) 중 하나는 머리 부분(대퇴골두)이 부서져 고관절에서 탈구될 정도로 심각했죠. '관절 내 골절'이라 부르는 부상이었어요. 만약 이 골절을 고치지 못하면(뒷다리가 다 낫더라도) 걸을 때마다 통증을 느낄 수밖에 없었죠.

이런 골절 치료법은 달걀 껍데기 안에 버섯갓을 집어넣듯이, 대퇴경부를 부러진 대퇴골두에 고정시키는 거예요. 여기서 '달걀 껍데기'란 부서져 나간 골두, 즉 허벅지뼈의 머리 부분이고 '버섯'은 나팔 모양으로 조금씩 넓어지는 대퇴경부를 가리켜요. 이 수술의 '묘수'는 버섯갓(대퇴경부) 밖으로 핀 네 개를 빠져나오게 한 뒤 다시 버섯 줄기를 관통해 핀을 빼내고, 달걀 껍데기(대퇴골두 부분) 안으로 버섯을 탁 끼우는 거예요. 그런 다음 '인디언 텐트'처럼 세워진 모양의 반대 방향으로 핀을 다시 박아요. 핀은 뼈의 물렁한 부위에 박되, **연골** 표면을 지나 관절 밖까지 튀어나오게 하면 안 돼요. 팔다리(사지) 뼈는 서로 엇갈리며 움직이는데, **뼈끝이 서로 맞닿는 관절**은 연골이라는 부드럽고 투명한 조직으로 싸여 있고 '활액(관절액)'이 있어 마찰을 줄여 주고 움직임을 부드럽게 해 줘요. 핀을 박을 땐 그 끝이 **보이지 않기 때문에,** 핀이 (부드러운 연골이 아니라) 골두의 가장자리를 지나는 순간을 직접 **느껴야** 해요.

또 다른 방법은 핀을 고정할 때 3D(3차원 이미지) 스캐닝을 이용하는 거예요. 하지만 시간이 흐르면서 그 방법은 쓰지 않게 됐어요. 3D 스캐닝을 하려면 엑스레이 촬영을 해야 하는데, 방사선으로부터 내 몸을 보호하기 위해 무거운 납으로 만든 가운을 입느라 허리가 아팠거든요. 뼛속에 임플란트를 삽입할 때도 (마치 기타 줄을 보지 않고도 연주할 수 있는 노련한 기타리스트처럼) 내가 직접 느끼고 감각을 활용하며 수술할 수 있어서 감사했죠. 티토의 수술을 마치고 **CT 스캔** 결과를 보니, 다행히 핀 네 개가 모두 '인디언 텐트'를 제대로 관통하고 대퇴골두 부분에 정확히 고정돼 있었어요. 관절 표면에 구멍을 내지도 않고 말이에요.

이후 티토는 병상에서 안정을 취하며 회복하기 시작했어요. 인턴들은 내게 핀 박는 위치를 어쩜 그리 정확히 아는지 비결을 묻지만, 내 대답은 언제나 딱 하나예요. **"그냥 알아."**

새끼 양 구하기

몹시 추운 2월의 어느 새벽이었어요. 내가 열 살 무렵이었죠. 새끼를 밴 어미 양들이 잘 있는지 확인하기 위해 어두컴컴한 들판으로 나갔어요. 어둠 속에서 양들을 세고 있는데, 한 마리가 보이지 않는 거예요. 어미 양은 눈에 잘 띄지 않는 곳에서 혼자 새끼를 낳는 습성이 있기 때문에, 달빛 아래 울타리를 따라가며 구석구석을 찾아봤어요. 그러다 들판을 둘러싸고 있는 배수로에 굴러떨어져 있는 어미 양을 발견했어요. 진흙탕에 빠져 익사 직전이었던 녀석은 간신히 머리만 내놓은 채 숨을 **헐떡이고** 있었죠. 뭔가에 걸려 빠져나오지 못하는 게 분명했어요.

나는 녀석을 구할 자신이 없었어요. 어미 양은 새끼를 배고 있어 몸이 무거울 뿐 아니라 털이 물을 계속 흡수해, 나 같은 말라깽이가 어미 양을 끌어올리는 건 턱도 없는 일이었기 때문이에요. 하지만 뱃속에 든 새끼 양은 구할 수 있겠다 싶어 그대로 얼음장처럼 시린 물속으로 뛰어들었어요. 금세 꽁꽁 얼어붙은 손으로 어미 양을 더듬어 보니, 새끼 양이 어미 몸 밖으로 나오는 '산도'에 걸려 있다는 걸 알 수 있었어요. 머리가 어미 **골반**(척추와 뒷다리 뼈를 연결하는 직사각형 형태의 뼈)에 낀 거예요. 한참을 낑낑댄 끝에 간신히 어미 몸 밖으로 새끼를 꺼내고 물웅덩이 위로 그만 풀썩 주저앉고 말았어요. **두 팔로 새끼를 안아 보니,** 온기는 있지만 아무런 움직임도 없었어요.

드문 일도 아니었어요. 새끼 양의 기도를 막고 있는 점액을 얼른 빼 줘야겠다고 생각했어요. 나는 둑으로 올라가 이럴 때 아버지가 하시던 대로 했어요. 전에 수십 번도 넘게 본 광경이었죠. 한 손으로 새끼 양의 뒷다리를 잡고 앞뒤로 흔들면서, 다른 한 손으로는 새끼의 가슴을 때렸어요. 보기엔 거칠지만, 기도를 막는 이물질을 제거하고 심장 박동을 돌아오게 하는 방법이죠. 하지만 새끼 양은 깨어나지 않았어요.

이번에는 이물질이 나오도록 새끼 양의 콧구멍 속에 갈대를 넣고 휘저었어요. 역시 아무 반응도 없었어요. 그래서 새끼 양 코에 입을 대고 **점액을 빨아들였어요.** 더럽다고 생각하는 사람도 있을 거예요. 시골에서 동물을 돌보려면 (동물병원도 마찬가지지만) 이런 일쯤은 감수해야 한답니다. 할 수 있는 건 다 해 봤지만 소용없었죠. 이 가여운 새끼 양이 죽었다는 사실을 받아들여야 했어요. 내 잘못으로 새끼 양이 죽었다고 혼날까 봐 걱정도 됐어요. 그런 일이 일어나면 자책감을 떨치기 힘든 법이니까요. 하지만 그건 누구의 잘못도 아니에요.

어미 양은 여전히 숨을 가쁘게 몰아쉬고 있었어요. 뱃속에 새끼가 또 한 마리 들어 있는 것 같았어요. 그래서 다시 차가운 물속으로 들어갔어요. 내 생각이 **옳았어요.** 다른 새끼 양 한 마리가 머리 대신 엉덩이를 어미 몸 밖으로 내밀고 있었어요. 나는 있는 힘껏 새끼를 잡아당겼어요. 이 녀석도 살아날 기미가 보이지 않았죠. 하지만 포기하지 않았어요. 그러자 천만다행으로 새끼가 캑캑거리며 숨을 쉬기 시작했어요. 뛸 듯이 기뻤지만 녹초가 돼서 아무것도 할 수 없었어요. 게다가 어미 양은 여전히 수렁에서 빠져나오지 못하고 있었어요. 나는 숨도 겨우 쉬고 있는 새끼 양을 꽁꽁 얼어붙은 풀밭 위에 잠시 내려놓고 어미 양을 빼내 오기 위해 다시 물속으로 들어갔어요. 마침내 어미 양이 배수로 밖으로 간신히 기어 올라왔어요. 어미 양이 물 밖으로 나온 건 비쩍 마른 내가 젖 먹던 힘을 다해 끌어당겼기 때문이 아니라, 어떻게든 새끼 옆으로 가고 싶은 어미의 절박한 모성 덕분이었을 거예요. 나는 살을 에는 차가운 밤바람으로부터 새끼 양을 보호하기 위해 녀석을 꼭 끌어안고 몸을 녹여 주었고, 어미 양은 그런 내 뒤를 쫓아왔어요. 나는 온몸이 흠뻑 젖었지만 아랑곳하지 않았어요. 적어도 한 마리는 구했다는 생각에 가슴이 벅찼어요.

터벅터벅 걸어 들판으로 돌아갔어요. 내 장화가 살얼음 낀 잔디를 사각사각 밟는 소리가 들렸어요. **그때 끔찍한 일이 벌어졌어요.** 사방이 어두컴컴한데 너무 서두른 나머지, 잔디 위로 미끄러지면서 그만 대자로 뻗은 거예요. 이때 겨우 살아남은 새끼 양을 놓치고 말았어요. 새끼 양은 몸을 땅에 심하게 부딪히고 쓰러졌어요. 나는 진흙탕 위에 누워 마지막 숨을 몰아쉬는 새끼 양을 지켜봤어요. 방금까지 우리 옆에서 힘겹게 걷고 있던 어미 양이 축 늘어진 새끼 양의 몸을 핥으며 온기를 불어넣으려고 했지만 소용없었어요. 결국 마지막 남은 새끼 양마저 숨을 거뒀어요. 이 녀석만이라도 안전하게 지켜 줘야 했는데, 처참하게 실패하고 말았어요. 나는 땅에 드러누운 채 별이 가득한 하늘을 바라보며 소리 내서 울었어요.

나는 악을 응징하고 정의를 실현하는, 초능력을 가진 히어로가 나오는 만화책을 좋아했어요. 그중에서도 스파이더맨, 배트맨, 울버린, 캡틴 마블, 캡틴 아메리카를 제일 좋아했죠. 만약 내 삶이 만화책이었다면, 초능력 수의사인 '슈퍼벳'이라는 히어로가 나오고 이날 밤의 일은 이 히어로 탄생의 기원이 됐을 거예요. 하지만 얼어붙을 듯 추웠던 그날 밤은 우는 것 외엔 할 수 있는 게 없었어요. 나는 히어로가 아니었죠. 처참하게 실패한, 쓸모없는 사람이라는 생각이 들었어요. 죽은 새끼 양 두 마리와 슬피 울고 있는 어미 양이 그 증거였어요. 나 자신이 한심했어요. 차가운 잔디 위에 누

워 하늘에 떠 있는 별을 올려보다가 가장 밝은 별 하나를 골라 소원을 빌었어요. 더 강하고, 더 용감하고, 더 똑똑한 사람이 되게 해 달라고 말이에요.

그 후로, 나는 강하고 용감할 뿐 아니라 다친 동물들을 모두 구할 수 있는 나만의 슈퍼히어로를 창조했어요. '벳트맨'*이라는 이름도 지었어요. 내 머릿속에서 온갖 모험을 헤쳐 나가는 히

---

* 벳트맨은 내 머릿속에만 있는 존재가 아니에요! 내가 쓴 또 다른 책 『슈퍼 수의사와 생체공학 동물 가족』에서 그의 모험과 활약을 볼 수 있답니다.

어로였죠. 나는 힘든 일이 있을 때마다 벳트맨을 떠올리며 힘을 얻었어요.

훗날 현실에서 많은 환자들이 기적처럼 회복되거나 성공적으로 치료를 마치고 가족의 품으로 돌아갔지만, 내가 고치지 못한 동물들도 있어요. 그리고 그건 내가 여전히 배우고 있는 교훈이에요. 동물도 언젠가는 죽음으로 돌아가며 모든 마지막이 항상 행복한 결말이 될 수 없다는 사실 말이죠.

인간은 실패를 통해 더 겸손해져요. 실패는 다음엔 더 잘하고자 하는 동기가 되는데요. 그런 실패를 여러분이 이루고자 하는 꿈으로 인도해 줄 원동력으로 삼아 보세요. 만약 한 번도 실패해 본 적이 없다면, 실은 그렇게 열심히 하지는 않았다는 뜻이에요. 실패를 딛고 일어선 성공이 아니면 오래가지 않아요. 겸손하지 않으면 성공을 지속시키기 어렵기 때문이죠.

믿을 수 있는 친구 피라테

나는 보호자들이 우리 병원에 반려동물을 데려오면, 내가 치료할 수 있는지 아닌지를 **솔직하게** 말해 준답니다. 이때 내가 가장 중요하게 생각하는 것은 환자예요. 치료비를 지불하는 사람은 보호자이지만, 동물의 입장을 먼저 생각해야 하죠. 그게 바로 수의사가 갖춰야 할 태도예요. 동물의 안위가 가장 먼저이고, 어떤 치료를 하든 동물에게 해를 끼치면 안 돼요. 모든 치료는 윤리적으로 균형을 이루어야 해요. 할 수 있는 치료라고 해서 꼭 해야만 하는 것은 아니거든요. 만약 어떤 수술이 환자에게 최선책이 아니며 제때 회복될 거라는 보장도 없이 더 큰 문제와 고통을 일으킬 위험이 따른다면, 그 수술은 하지 않는 게 옳아요. 동물을 괜한 고통에 빠뜨릴 수 있으니까요.

어린이들이 부모님과 함께 병원에 오면, 나는 반려동물이 그들에게 어떤 의미인지, 정말 가족 같은 존재인지를 살펴봐요. 어릴 때부터 개나 고양이와 함께 자란 아이들은 반려동물과 형제자매처럼 지내요. 나는 아이들에게도 환자의 상태에 대해 솔직하게 이야기 해 줘요. 수의사는 기적을 일으키는 사람이 아니니까요.

어린이와 반려동물이 얼마나 끈끈한 관계가 될 수 있는지 누구보다 내가 잘 알아요. 우리 가족은 농장에서 양과 소뿐 아니라 양치기 개도 길렀어요. 딩기라는 이름으로 불린, 검은 털과 흰 털이 섞인 콜리 종이었어요. 하지만 나와 정말 친밀했던 개는 따로 있었어요. 아주 어릴 때 아버지가 집에 데리고 오신 새끼 강아지였어요.

우리는 녀석에게 해적이라는 뜻의 '피라테'라는 이름을 지어 줬어요. 흰 얼굴에 안대를 한 것처럼 한쪽 눈 주위만 검은 털이 나 있었거든요. 여느 양치기 개들처럼 피라테도 활기가 흘러넘쳤어요. 콜리 종은 양떼를 모는 본능을 지니고 태어나지만, 그래도 훈련이 필요해요. 아버지는 어린 피라테를 딩기와 함께 들판에 데리고 나가셨어요. 물가로 나가는 오리 떼처럼 동물들을 다 데리고 다니신 거예요.

아버지는 피라테를 다른 동물들과 똑같이 대하셔서 집 안에 들이는 법이 없었어요. 요즘처럼 집 안에 개를 풀어 두는 건 꿈도 못 꿀 때였죠. 피라테는 쉬는 동안 소 우리에 긴 끈으로 매여 있었어요. 그때를 돌아보면 개들이 늘 줄에 매여 있었기 때문에, 들판을 달릴 땐 그 어느 때보다 자유롭게 에너지를 불태울 수 있었던 것 같아요.

피라테는 나에게 특별한 존재였어요. **밤이면 축사로 몰래 숨어들어 자고 있는 피라테를 껴안아 줬어요.** 내 꿈과 두려움, 비밀까지 모두 털어놓았죠. 가장 아끼는 만화책도 소리 내서 읽어 줬어요. 전 세계를 종횡무진하며 동물이란 동물

은 모두 구해 주는 '벳트맨' 이야기도 들려줬어요. 얼마 지
나지 않아 이 이야기에 피라테도 등장하기 시작했죠. 벳트
맨이 임무를 수행할 때 따라다니는 수행원으로 말이에요.
이 이야기 속에는 무지무지 용감한 사자도 나온답니다. 피
라테는 내 이야기를 참을성 있게 들어 줬어요. 내 경험에 비
춰 보면, 동물들이 사람보다 남의 이야기를 훨씬 잘 들어 줘
요. 함께 노는 동네 친구들이 몇 명 있긴 했지만, 제일 친한
친구는 피라테였어요. 피라테와 나는 상상 속에서 우리만의
세상을 창조하기 시작했어요.

피라테를 만난 건 내 인생에서 가장 큰 행운이었어요. 나는 어릴 때 아주 나쁜 일을 당하는 바람에 사람을 잘 믿지 못하게 됐어요. 하지만 피라테는 믿을 수 있었어요. 피라테는 언제나 내 곁에 있어 줬으니까요. 피라테를 안으면 녀석이 내 눈물을 핥아 주고 슬퍼하는 나를 위로해 줬어요.

나는 열두 살이 되고 발리핀에 있는 '패트리션 칼리지'라는 중학교에 입학했는데요. 꽤 큰 기숙학교였는데, 나처럼 아침에 등교했다가 수업을 마치면 귀가하는 통학생들도 있었어요. 등교 첫날, 커다란 기둥이 세워진 정문 앞에 자전거를 멈춰 세우자 낯선 곳에 뚝 떨어진 것처럼 눈앞이 캄캄했어요. 전에 다닌 학교는 세 개뿐인 교실을 학년별로 나눠 썼으니, 패트리션 칼리지가 거대해 보일 수밖에요. 간이 콩알만 해지는 것 같았죠.

학교 안에서는 더 힘들었어요. 지금까지 내 학업성취가 형편없다는 걸 금세 알 수 있었으니까요. 읽기나 쓰기도 잘하지 못했고 수학 성적은 바닥이었어요. 농가에서 가난하게 자란 티가 나는 데다 공부까지 못하니 **못된 아이들이 괴롭히기 시작했어요.** 나를 '시골뜨기', '촌놈'이라고 부르며 놀렸죠. 이른바 '일진'이라는 아이들 대부분이 읍내나 다른 대도시 출신이었거든요.

그 아이들이 나를 따돌린 이유가 가정환경 때문만은 아니었어요. 나도 어찌할 수 없는 성격 때문이었어요. 나는 수줍음을 많이 타고 예민한 성격에다 내 생각을 말로 표현하는 게 어려웠어요. 지금은 당시 나를 괴롭힌 아이들도 자신만의 문제를 잘 해결하지 못해 나쁜 행동을 했던 거라고 생각하는데요. 그때는 그 아이들이 정말 무서웠어요.

첫날, 학교가 끝나고 집에 돌아오자마자 나는 피라테를 꼭 껴안았어요. 분노보다는 혼란스러운 감정이었지만, 부모님한테는 말씀드리지 않았어요. 나를 이해하지 못하실 것 같아서가 아니라, **나조차도** 그 상황을 이해할 수 없었기 때문이에요. 놀림을 당하는 게(어릴 때 나쁜 일이 벌어졌을 때와 마찬가지로) 내 탓이라고 생각했던 것 같아요. 새끼 양을 잃었던 그날처럼, 나는 상황을 똑바로 바라볼 만큼 영리하거나 용감하지 못했던 거예요.

그날 밤, 피라테는 항상 그랬던 것처럼 내 이야기를 들어 줬어요. 끝을 알 수 없을 만큼 깊은 눈동자로 내 눈을 뚫어지게 응시하더니 **내 뺨을 타고 흐르는 눈물을 핥아 줬어요.**

별명 부르기로 시작된 괴롭힘은 시간이 갈수록 점점 더 심해졌어요. 밀치고 가거나 몰래 등 뒤로 다가와 내 팬

티를 움켜쥐고 위로 세게 끌어당기기도 했어요(웃기게 들리겠지만 당하는 입장에선 하나도 웃기지 않답니다). 아무리 그래도 나는 맞서지 못했어요. 대신 마주치지 않으려고 피해 다니며 공부에 열중했어요. 모르는 것도 너무 많고, 따라잡아야 할 공부가 산더미였으니까요. 하지만 **좋은 선생님들을 만나** 학과목에 대한 이해력이 늘기 시작했어요. 특히 〈화학〉, 〈물리〉, 〈생물〉처럼 자연계 원리와 관련된 과목을 잘하게 됐어요. 수학은 좀 어려워했어요. 지금도 수학이 어렵기는 마찬가지예요. 물론 동물의 체형별로 필요한 임플란트 길이와 무게를 구하거나 약물 투여량을 조절하는 것과 같은 실생활에 필요한 수치는 잘 다루는 편이에요.

중학교에 들어가기 전에는 내가 읽기를 잘하지 못한다는 사실도 몰랐어요. 내가 다닌 초등학교는 성경에 나오는 이야기나 교훈은 잘 가르쳤지만 다른 과목들은 그렇지 못했어요. 중학교에 들어와서야 읽기를 제대로 배우기 시작한 거예요. 그리고 읽기를 통해 존재하는지도 몰랐던 새로운 세상에 눈을 뜨게 됐어요. 나는 시와 희곡을 좋아했는데, 특히 딜런 토머스와 오스카 와일드의 작품에 푹 빠졌어요. 닥치는 대로 책을 읽었고, 건초더미를 쌓아 둔 창고든 과수원이든 눈에 띄는 곳은 어디든 책을 갖다 뒀어요. 마음속으로는 아이들과 스스럼없이 어울리고 싶었던 것 같아요. 그러면 괴롭힘을 멈출 것 같았으니까요.

하지만 내가 잘못 생각했던 거예요. 이제 그 애들은 내가 선생님 질문에 답하려고 손을 번쩍 들거나, 낮이고 밤이고 책만 보는 아이라는 이유로 나를 괴롭혔어요. 공부를 열심히 하는 모범생이기 때문이었죠. 이후로 '선생님 껌딱지', '찐따'라는 별명까지 더해졌죠.

학교 뒤에 오래된 채석장이 있었는데, 점심시간이면 한 무리의 아이들이 나를 몇 대 때리고는 채석장 구석에 처박기도 했어요. 근처 농장에서 채석장으로 오수가 흘러나왔으니, **내가 어떤 꼴이 됐을지** 그려질 거예요. 하지만 나는 여전히 맞서 싸우지 않았어요. 녀석들이 내게 흥미를 잃고 이 시련이 빨리 지나가기만을 바랐죠. 맞아서 생긴 상처와 멍도 혼자 치료하곤 했어요.

몸보다 마음이 더 아팠던 사건도 있었어요. 자전거를 타고 집에 가던 어느 날, 늘 괴롭히던 아이들이 나를 덮쳤고 **자전거를 뺏어 갔어요.** 자전거 바퀴를 도랑에 처박고 자전거 몸통이 휠 정도로 박살을 내버렸어요. 어떤 날은 내 교과서랑 공책에 우유를 쏟아 놓기도 했어요. 몇 시간 동안 해 놓은 작문 숙제와 열심히 그려 놓은 도표며 그림이 다 젖어서 엉망이 됐죠. 심지어 한 녀석은 내 책상 위로 올라가 공부를 하고 있던 **내 머리 위에 잉크를 들이부었어요.** 그 지경이 됐는데도 나는 이 문제를 어른들에게 알릴 생각조차 못 했어요. 괜히 일을 키우고 싶지도 않았고, 그 애들 눈에 띄지 않도록 조심하는 게 훨씬 쉬웠어요.

지금도 나는 집단 괴롭힘을 절대 용납할 수 없어요. 그리고 이 문제로 고통받는 친구가 있다면 이렇게 말해 주고 싶어요. **'넌 혼자가 아니야. 어른들에게 꼭 말씀드리렴.** 네가 얼마나 힘든지 이해하실 거야.' 나는 장담해요. 두려움과 고통스러웠던 경험이 있다면 그걸 스스로가 성장하고 더 높은 단계로 도약하는 데 연료로 사용해 보세요. 모든 게 괜찮아질 거예요. 남을 괴롭히는 아이들은 거울에 비친 자기 모습을 볼 줄 모르는 소인배에 불과해요.

나는 피라테와 학업 덕분에 이 힘든 시기를 견딜 수 있었어요. 내 미래가 농장이 아닌 동물병원에 있다고 생각한 것도 그 무렵이었고요. 수의과대학에 들어가려면 좋은 성적이 필요했어요. 그래서 전보다 더 열심히 공부했어요. 특히 생물학과 복잡다단한 신체 작동 원리에 깊이 매료됐어요.

다행히 점심시간에 조용히 공부할 수 있는 은밀한 장소도 찾아냈어요. 안 그랬다면 괴롭히는 아이들에게 내내 쫓겨 다녀야 했을 거예요. 운동장 구석에 따로 떨어져 있는 **낡은 창고**였어요. 거미줄투성이에 빗물이 새는 초가지붕을 얹은 창고에서 이따금 찾아드는 울새와 둥지 안의 제비들을 벗 삼아 교과서를 읽었어요. 나만의 고요한 세계로 빠져드는 시간이었죠. 이는 집에서도 그대로 이어졌어요. 학교가 끝나면 곧장 집으로 돌아가 집안일을 좀 하고 피라테와 놀아 주다가 '잘 자'라고 인사하고 공부하러 갔어요.

5년간 패트리션 칼리지를 다니면서 친한 친구를 얻진 못했지만 상관없었어요. 나에게는 피라테가 있고 해야 할 공부가 있었으니까요. 열심히 공부한 보람이 있어서, 매년 성적 우수상을 받았고 이것은 나의 성장과 발전을 가리키는 지표가 되었어요. 그러곤 마침내 졸업을 앞두고 시험에 합격했어요. 나는 수의과대학이나 의과대학에 진학할 수 있게 됐죠. **선택은 어렵지 않았어요. 동물들이 나를 부른다는 소명을 느꼈으니까요.** 앞으로의 내 인생이 영원히 바뀌게 되는 순간이었어요. 나는 날개를 활짝 펴고 발리핀을 떠나왔어요.

더블린에서 수의과대학을 다니면서는 전보다 더 치열하게 공부했어요. 대학교 1학년 때 피라테가 열다섯 살의 나이로 세상을 떠났어요. 개 나이로는 장수를 누린 셈이에요. 아버지는 피라테의 죽음을 나중에야 알려 주셨어요. 투박한 분이기는 해도, 아들이 피라테 덕분에 힘들고 외로운 시기를 버텼다는 걸 잘 알고 계셨기 때문에 내 공부에 방해될까 봐 바로 소식을 알리지 않으신 거예요. 아버지도 나 못

지 않게 피라테를 좋아하셨어요. 피라테는 우리 가족에게 양
치기 개, 그 이상이었어요.

잘 자렴, 충성스럽고 믿음직한 내 친구야.

무엇이 옳은지 결정하기

생체공학 인공기관을 삽입하는 임플란트나 '슈퍼 동물들' 이야기를 할 때 **의료 윤리**는 매우 중요한 문제입니다. 윤리란 옳고 그름을 구별하고 실행하는 것으로, 내가 돌보는 **동물들에게 최선의 조치**를 하는 것이죠. 어떤 의학적 조치가 **가능**하다고 해서, 그 조치가 무조건 옳다거나 **꼭 해야 하는** 건 아니에요. 예를 들면 한쪽 다리를 잃었을 때, 이를 생체공학적으로 재건하는 '사지 보존술'이라는 수술이 있죠. 그런데 많은 개와 고양이는 세 개의 다리만으로도 잘 살 수 있는데요. 따라서 '이 환자는 다리 세 개로도 어렵지 않게 잘 살 수 있다'고 확신한다면, 다친 다리 하나를 절단하는 게 옳은 결정이에요. 이처럼 의료 행위에는, 동물에게 무엇이 최선의 치료인지, 실질적으로나 경제적으로 보호자에게 무엇이 가장 도움이 될지 등 고려할 점이 많아요. 무엇보다 도덕적인 판단이 우선이죠.

수의사들 사이에 의견의 차이가 생길 때도 있어요. 다른 수의사들이 언제나 나의 의견에 동조하는 건 아니에요. 어떤 이들은 내 치료법이 너무 극단적이며 '과잉 치료'

라고 말하기도 해요. 무엇이 '최선'인지에 대해 각자 견해가 다르기 때문이죠. 어떤 수의사는, 많은 경우 위험 부담을 안고 수술하는 것보다 안락사를 하는 것이 낫다고 말하죠. 오랜 시간에 걸쳐 수백 마리의 동물을 수술해 온 나로서는 동의할 수 없지만요.

그렇다고 내가 항상 수술을 권하는 건 아니에요. 내 방송을 본 사람들은 내가 줄곧 고난도의 생체공학 수술만 한다고 생각할지 모르지만, 이건 방송 특성상 더 흥미로운 장면을 보여 주려고 편집된 것일 뿐, 나 역시 약물치료도 하고 사지를 절단하기도 하죠. 할 수 있는 게 없을 땐 **안타깝지만 안락사도 하고요. 내 가슴속에서 우러나오는 도덕과 윤리의식에 따라 옳은 일을 하는 거예요.**

살다 보면 여러분 의견을 따라주는 사람과 그렇지 않은 사람을 두루 만나게 될 거예요. 사람은 항상 자기의 관점과 경험을 바탕으로 생각하고 판단하니까요. 하지만 나를 반대하는 사람들은 나처럼 직접 수술하고 보호자들과 이야기를 나누지 않았기 때문에 나를 다 이해할 수 없어요. 그래서 나는 '내 안에 있는 진실이야말로 진짜이며, 내가 옳은 일을 하고 있다는 믿음을 갖고 마음의 안정을 찾으라'고 스스로를 타이른답니다.

10장에서 자세히 다루겠지만, 안타깝게도 내가 아픈 동물들에게 하는 대부분의 수술은 멀쩡한 동물을 대상으로 실험한 뒤에 상용화된 거예요. 제약회사나 의료회사가 사람에게 치료법을 적용하기 전에 동물에게 먼저 약물이나 치료 효과를 시험해 본 거죠. 그러나 정작 동물들에게 돌아오는 이득은 없어요. 사람을 고치는 약과 임플란트를 개발하기 위해 무수히 많은 동물이 희생됐지만, 개나 고양이가 아파서 그 치료와 약이 필요해도 얻을 수 없어요. 설사 동물이 이 약과 치료를 받게 된다 해도 인간에게 상용화되고 몇 년이 더 지난 시점일 거예요. 먼저 사람을 치료하고 돈을 벌어서 제약회사가 투자한 비용을 회수한 다음이라야 하니까요.

많은 수의사들이 인간을 위한 동물실험을 받아들이면서도, 그 약이 정말 필요한 동물들에게 제공하는 것은 동의하지 않아요(안전성을 철저히 통제한 연구에서 사용한 약이나 임플란트일지라도요). **나는 항상 동물의 관점으로 보고, 동물의 이익을 옹호하기 위해 노력하고 있어요.** 동물은 우리 인간의 언어로 말하진 못하지만, 우리에게 자신들의 이야기를 하고 있어요. 오직 사랑으로 말이죠.

수의사가 되겠다고 마음먹은 어린이가 있다면, 동물과

그 보호자들의 행복이 여러분에게 달려 있다는 걸 기억하세요. 이 직업은 어려운 결정이 잇따르고, 자신이 옳다고 생각하는 것을 실행해야만 하는 일이에요. 대신 엄청난 보상이 따르는 직업이기도 하죠. 바로 건강해진 동물이 힘차게 흔드는 꼬리와 환하게 웃는 가족들의 얼굴을 보는 것 말이에요. 이것은 무엇과도 바꿀 수 없는 큰 기쁨이랍니다.

3장

내 동료들을 소개합니다!

많은 어린이들이 수의사가 되고 싶다며 내게 조언을 구하는데요. 그럴 때 제일 먼저 해 주는 말은 **정말로 수의사가 되기를 바란다면, 그 꿈을 좇으라는 거예요.** 이것은 직업뿐 아니라 삶의 모든 영역에 적용되는 원칙이에요. 하지만 단순히 돈을 많이 벌기 위해 꿈을 좇지는 마세요! 더 나은 세상을 만들고 싶다는 바람에서 우러나오는 꿈이 진짜니까요. 그래야 말도 안 되는 꿈일지라도 최선의 방법을 찾아 이룰 수 있어요.

두 번째 조언은 수의사가 되려면 확고한 의지를 갖고 열심히 공부하고 꾸준히 노력해야 한다는 거예요. 수의과대학에 들어가려면 성적이 우수해야 할 뿐 아니라, 입학 후에도 의과대학과 마찬가지로 6년 이상 공부를 해야 해요. 또 전문 분야에서 활약하려면 추가적인 훈련도 필요해요. 요즘은 과학기술이 발전함에 따라 각 분야가 끊임없이 변화하고 있기 때문에 공부를 게을리할 수 없어요. 나는 우리 동물병원에 오는 동물 환자들을 통해 날마다 배우기를 멈추지 않아요. 덕분에 새로운 지식과 경험이 차곡차곡 쌓이고 있어요. **매일 학교에서 수업을 받는 것이나 마찬가지죠.**

나는 수의사로서 다양한 분야에 걸쳐 일을 했어요. 농장에서 키우는 대동물을 다루는 수의사부터 말을 보살피는 수의사, 주로 반려동물을 진료하는 1차 동물병원의 수의사를 거쳐 지금의 신경-정형외과 전문 수의사가 됐죠.

내가 처음 수의사 자격증을 땄을 때 동물병원이란 햄스터부터 말까지 모든 종을 다루는 '일반 병원'이 대부분이었어요. 요즘은 이런 병원이 매우 드물고, 거의 모든 수의사와 간호사들이 특정 동물군을 선택해 전문적으로 돌보고 있어요. 예를 들어 볼게요.

 말
 소·돼지·양·닭 등의 농장 동물들
 개와 고양이뿐 아니라 토끼, 기니피그, 햄

스터와 같은 몸집이 작고 '털이 있는' 반려동물들

🐾 뱀, 도마뱀, 거북이, 앵무새 등 특수동물들(여기에도 털 있는 작은 동물이 포함된답니다)

수의과대학을 졸업하면 꼭 수의사만 되는 건 아니에요. 진로가 다양해요. 야생동물을 돌보고, 제약회사나 의료기술 기업에 들어가 임상실험을 하고, 인간과 동물의 건강과 생명을 함께 생각하는 '원 헬스' 분야에서 일하기도 해요. 원 헬스는 살아 있는 모든 존재의 건강과 안위를 연결하는 접근 방식이에요. 동물과 생태계를 연구해 질병이 인간과 동물 사이에 어떻게 전파되는지 밝히고 의학 발전을 이끌어 내죠. 하지만 이러한 발전은 인간의 건강에만 득이 되는 경우가 많아요.

나는 '하나의 의학(원 메디신)'이라는 개념을 세우고 진료 활동을 하고 있어요. 동물과 인간의 생명이 동등한 가치를 지니며, 동물과 인간 모두에게 도움이 되는 발전 방향을 찾아야 한다는 것이에요. '하나의 의학'에서는 암이나 관절염처럼 인간과 동물에게서 공통적으로 나타나는 자연발생적인 질병을 연구해, 동물실험에 이용되는 동물의 수를 줄이고 의학 발전의 득을 나눠 갖자고 주장하고 있어요. 또 인간이 사용하는 약물이나 의료기술을 우리가 사랑하는 동물들에게도 적용하는 것을 목표로 하고 있어요. 이 내용은 10장에서 보다 상세히 소개할게요.

수의사가 동물병원에 온 환자를 처음 보는 단계를 '**1차 진료**'라고 해요. 환자를 병원으로 데려오든, 수의사가 환자가 있는 곳으로 직접 가든, 아픈 동물이 처음 마주하는 의사가 바로 1차 동물병원의 수의사죠. 1차 동물병원은 개와 고양이에게 예방접종을 하고, 벼룩에 물린 데를 치료하고, 인식 칩을 삽입하고, 장염이나 중이염을 치료하고, 치석을 제거하고, **중성화 수술** 같은 간단한 시술을 하는 곳이에요. 엑스레이 촬영도 하며, 이보다 수준 높은 의료 서비스도 제공하고 있어요.

1차 동물병원 수의사가 되기 위해 수련할 때는 앞으로 돌보고자 하는 동물과 많은 경험을 해 보는 것이 좋아요. 다양한 동물들이 저마다의 질병을 앓기 때문에 1차 동물병원 수의사는 어려운 수술도 많이 맡게 되죠. 따라서 열심히 수련하고 경험을 많이 쌓는 것이 중요해요. 안타깝게도 나는 실력을 갖추지 못한 수의사에게 수술을 잘못 받아 고생하는 환자들을 많이 봐 왔어요. 이를 바로잡기 위해서는 재수술을 하는 수밖에 없죠. 물론 나를 포함해 그 어떤 수의사라도 수술하다가 실수할 수 있어요. 그래서 열심히 공부하고 수련해서 실력을 쌓아야 해요. 자신의 실력에 대해 환자 가족들에게 솔직하게 말하고 환자를 위해 최선을 다해야죠.

1차 동물병원 수의사가 치료할 수 있는 범위를 넘어서 보다 집중적인 치료가 필요한 문제는 '**전문의**'가 다뤄요. 환자 상태가 심각하면, 1차 동물병원 수의사는 해당 분야에서 인정받는 전문의를 추천하거나 전문 병원에 환자를 '위탁' 해요. 이때 전문 병원으로 환자를 옮기기도 하지만 전문의가 1차 병원을 방문해 환자를 봐 주기도 하죠. 그래서 전문의들은 진료 가방을 싸들고 이 병원 저 병원 부지런히 돌아다닌답니다.

내가 처음 수의사가 된 1990년대 이후로 참 많은 것이 바뀌었어요. 갓 수의사가 됐을 땐 일어나서 잠들기 전까지 내내 일만 했어요. 자다가도 양이나 소가 난산으로 고생하고 있다는 전화를 받고 뛰어나가기 일쑤였는데, 다음 날아침에도 일찍 일어나 출근을 했죠. 요즘엔 이렇게까지 일하는 수의사는 거의 없어요. 대신 저녁 시간부터 늦은 밤까지 또는 주말에 아픈 환자를 돌보는 응급 진료실이 생겼지요. 주말에 일할 경우 휴가를 주거나, 순번 근무를 하기도 해요. **수의사들의 정신 건강을 위해서라도 일과 휴식 사이에 균형을 유지하는 것이 아주 중요해졌죠.**

나는 '워라밸'을 지키는 데는 소질이 없어요. 올빼미 체질이라 밤늦도록 서류 작업을 하거나 환자들의 치료 계획을 세우곤 해요. 그러다 보면 퇴근할 타이밍을 놓쳐서, 주중에는 아예 진료실 옆에 딸린 작은 방에 간이침대를 갖다 놓고 고양이 리코쳇과 엑스칼리버를 옆에 끼고 잠을 자요. 이런 생활도 익숙해졌지만, 다른 사람이 그런다면 도시락 싸들고 다니며 말리겠어요!

다양한 종류의 동물병원과 수의사들

일반 동물병원

모든 종류의 동물을 다뤄요.

1차 동물병원

아픈 동물이 처음 진료(1차 진료)를 받는 곳으로, 대부분의 지역에서 쉽게 찾을 수 있는 병원이에요. 진료 시간 외 응급 진료를 하기도 해요.

응급 진료 병원

다른 동물병원들이 진료하지 않는 저녁, 심야, 주말에 환자들을 돌보는 병원이에요. 응급할 때 환자들을 돌봐 주겠다고 1차 동물병원과 미리 협약을 맺고 있지요. 낮에 문 열고 밤에 닫는 병원의 공간을 빌리거나 독자적인 공간을 가지고 운영하기도 한답니다.

소동물 및 반려동물 병원

내 반려동물의 친구와 그 보호자들과도 사귈 수 있는

곳이랍니다. 이리저리 뛰어다니는 강아지나 '냥펀치'를 날리는 새끼 고양이, 병원 문턱도 겨우 넘는 노견들을 두루 볼 수 있어요. 토끼나 햄스터 같은 소동물도 오는 병원이에요.

말 전문 동물병원

조랑말부터 경주마에 이르기까지 모든 마속 동물을 전문적으로 돌보는 병원이랍니다.

대동물 및 농장동물 전문 병원

소, 돼지, 양, 염소, 야마(낙타과) 같은 발굽 있는 동물들을 돌보는 병원이에요.

특수동물 전문 병원

뱀, 도마뱀, 거북이, 다양한 종류의 새, 동물원에 있는 동물들, 야생동물 보호 구역에 있는 동물을 돌보는 병원이에요. 여기도 토끼, 햄스터, 기니피그 같은 털 있는 소형 동물들이 찾아와요. 야생동물들은 특수동물 병원이나 소형 동물병원에서 다 만날 수 있어요. 일부 동물보호구역은 자체 고용한 수의사가 있어요.

전문 병원 및 진료협력병원

1차 동물병원이나 소형 병원 수의사가 고칠 수 없는 병이 발견된 경우, 그 질환만 집중적으로 다루는 병원으로 환자를 옮겨 줘요. 이런 병원을 전문 병원 또는 진료협력병원이라고 해요. 우리 병원이 이에 해당하죠. 그래서 '피츠패트릭 진료협력병원'이라고 이름 지었어요. 반려동물이 아프다고 해서 우리 병원으로 바로 올 수는 없고, 먼저 1차 동물병원에서 수의사의 진단과 소견서를 받아야 해요. 사람들은 내가 수의사니까(그것도 방송에 나오는!) 모든 병을 다 안다고 생각하나 봐요. 하지만 그렇지 않답니다. 나는 특정 분야에 대해 깊이 알고 있는 전문가이지, 모든 병을 꿰뚫고 있는 건 아니에요. 예를 들어 개의 외이도나 배를 수술한 기억은 까마득하죠. 귓병이나 배탈은 내 전문이 아니니까요. 수의사에게도 자기가 주력하는 분야가 따로 있답니다!

우리는 어떤 병원일까

우리 병원의 이름은 **'피츠패트릭 진료협력병원'**이에요. '진료협력'이라는 말에서 알 수 있듯이 다른 병원의 수의사가 환자를 보내거나, 우리 병원이 제공할 수 있는 특수한 치료가 필요하다고 생각해 환자를 데리고 오는 곳이에요. 즉, 전문의의 도움이 필요하다는 1차 동물병원 수의사의 판단이나 전문의에게 보내 달라는 보호자의 요구로 오는 병원이죠.

피츠패트릭 진료협력병원은 다 쓰러져 가는 농가 건물에서 시작했어요. 한적한 시골에 낡은 건물 네 동에서 출발

해 지금은 **최첨단 의료기술**을 갖춘 신경-정형외과 전문 병원으로 자리 잡았어요. 움직임에 영향을 미치는 골격과 근육에 문제가 생긴 동물들이 주로 찾아오죠. 골격과 근육의 문제는 오랜 시간 쓰면서 닳고 망가졌거나 암이나 **염증** 같은 질환, 노화와 함께 일어나는 **퇴행성** 변화(이 경우엔 시간이 갈수록 심해지죠) 때문에 생겨요. 교통사고로 부상을 입고 생긴 문제일 수도 있고요.

피츠패트릭 진료협력병원에는 약 170명의 직원이 일하고 있어요. 무슨 요일이든 적어도 90명 이상은 상근하는데, 순환 근무 제도와 밤에도 병원을 지키는 당번이 있어 연중무휴 진료가 가능해요. 직원들은 모두 한 몸을 이루는 신

체 일부처럼 조화를 이루며 일하고 있어요. 개와 고양이가 편안하고 안전하게 치료받을 수 있는 병원이 되기 위해 각자의 역할에 최선을 다하는 거죠. **출중한 능력과 헌신적인 태도를 가진 이들이 없었다면 나도 내 일을 잘 해내지 못했을 거예요.** 우리 병원에 온 모든 동물이 최상의 보살핌을 받도록 하는 것이 병원 수장으로서 나의 책임이라고 생각해요. 이를 위해 병원 안에는 수많은 역할이 나눠져 있어요. 고리 하나하나가 연결돼 단단한 사슬을 이루듯 모두가 없어서는 안될 중요한 책임을 맡고 있답니다.

전문 병원의 '또 다른' 전문가들

전문 병원이나 진료협력병원에는 수의사 외에도 다양한 전문가들이 일하고 있어요.

병동(동물) 보건사

입원 환자를 먹이고 돌보는 일을 해요. 켄넬을 청소하고 대소변을 치우고 구토물 등 오물도 깨끗하게 닦아 내죠. 수술 후 환자의 상태를 계속 확인하고, 말을 걸어 주고, 안아 주며 안정을 시켜 줍니다. 약도 먹여 줘요.

수술실 지원팀

수술이 효율적이고 안전하게 진행되도록 환자를 준비시키고 수술실을 정비하는 팀이에요. 환자의 털을 집게로 고정하고 수술 부위를 소독하죠. 발열 담요나 타월, 흡입기, 커튼 등 수술 도구가 제자리에 있는지 확인하고, 멸균한 수술 도구를 수술 팀에 전달하죠. 나는 수술 준비란 마치 자동차 경주를 위해 다들 출발선에 모이는 것처럼, 모든 의료진이 일시에 달려나갈 준비를 하는 것과 같다고 생각해요. 내가 수술하면서 드릴이나 톱, 나사 드라이버를 달라고 하면 옆에서 척척 건네주기를 바라거든요. 우리가 '인공 고관절 치환술'이라는 수술을 할 때 시작부터 마칠 때까지 한 시간이 채 걸리지 않는 이유랍니다. 이처럼 팀워크는 정말 중요해요!

수술실과 병동 간호사

동물병원 수술실 간호사는 수술 준비를 위한 훈련을 받았으며, 수의사의 수술을 직접적으로 도와줘요. 병동 간호사는 입원실에 있는 환자들을 돌보고 회복을 돕지요. 간호사는 환자가 회복하는 데 지대한 역할을 하며, 심지어 수의사의 공로로 돌아가는 일도 많이 수행하고 있어요. 환자가 나을 때까지 안전하고 효율적이며 헌신적으로 돌보기 위해 열심히 일하는 간호사들은 정말 칭송받아 마땅해요. 수의사와 마찬가지로 동물병원 간호사들도 마취(환자가 수술 중 감각을 느끼지 못하게 처치하는 것), 응급, 중환자 간호 등 특정 분야에서 전문성을 갖기 위해 더 교육을 받기도 하죠. 수의사들과 간호사들이 일을 효율적이고 즐겁게 수행할 수 있도록 지원하는 관리직 분야에서 전문성을 꾀하는 간호사도 있어요.

방사선 촬영 기사

CT나 MRI 같은 영상 진단(ADI) 검사를 수행해요. 자세한 내용은 4장에서 그림과 함께 소개할게요.

재활 전문가

뼈, 관절, 척추 수술을 받은 환자의 회복을 돕는 전문가예요. 골관절염(관절을 감싸는 연골에 생긴 염증)을 치료하기 위해 재활 운동을 지도하기도 해요.

수중 (재활)치료사

개와 고양이에게 수영을 시키는 등 수중 물리치료를 담당하고 있어요. 물속에 설치된 러닝머신(발밑에서 벨트가 자동으로 회전하는 달리기 기구) 위를 걷게 하면 물에 대한 저항력이 일어나며 다리 힘과 근육이 생기죠. 수중 치료는 '물을 이용한 치료'라는 뜻으로, 물이 동물의 몸을 떠오르게 하는 원리(부력)를 이용한 치료법이에요. 물은 약해진 관절과 사지에 가해지는 압력을 덜어내 통증 없이 재활운동을 할 수 있어요. 우리 병원은 날씬한 고양이부터 몸집이 큰 개까지 체구에 따라 입을 수 있는 다양한 크기의 구명조끼도 구비하고 있답니다. 물장난을 치거나 물속에서 힘이 빠진 동물을 물 밖으로 꺼내기 위해 하네스도 착용시켜요. 하지만 물속에서 몰래 '실례' 하는 건 막을 방법이 없어요!

물리치료사

환자에게 다양한 종류의 운동을 계획해 준답니다. 운동을 할 때는 동물 스스로 사지와 관절을 움직이기도 하고 물리치료사가 움직여 주기도 하면서 활동 범위를 회복시키는 데 도움을 주죠. 통증을 줄이고 운동 능력을 증진시키기 위해 의료용 레이저나 전기근육자극요법(EMS), 충격파 치료도 병행하고 있어요.

재생의학 수의사들

재생의학팀 수의사들은 실험실에서 **골수**(뼛속 가운데 공간을 채우고 있는 말랑하고 부드러운 조직)나 혈관주위세포 (혈관 주위에 있는 작은 세포) 또는 대부분의 동물들 몸에서 흔히 찾을 수 있는 지방 조직 세포들에서 줄기세포를 채취해 배양해요. 줄기세포는 손상된 세포를 재생시킬 수 있으며, 아직 분화가 이뤄지지 않아 (수의사들의 적절한 개입 아래) 다른 신체 기관의 세포가 될 수 있어요. 이처럼 여러 세포로 분화할 수 있는 능력을 '다분화능'이라고 해요. 줄기세포는 '**항염증성** 사이토카인'이라는 분자를 관절을 부드럽게 해 주는 윤활 성분으로 바꿔, 관절염으로 생기는 부기와 통증을 줄여 주죠. 또한 연골 등의 골세포로 분화해 뼈 손상을 고치는 데 유용하게 쓰이기도 한답니다.

생체역학 엔지니어

다치고 아픈 환자들의 삶을 바꿔 줄 임플란트를 설계할 때 생체역학 엔지니어들의 도움이 필요해요. 이들이 없으면 생체공학 인공기관을 만들거나 공학적으로 풀기 어려운 문제를 해결하는 건 꿈도 못 꾸죠. 수치를 계산하고, 설계도를 그리고, 설명서를 만들어 실제로 임플란트를 제작하는 기술자들과 끊임없이 소통하는 전문가가 바로 생체역학 엔지니어들이에요.

행정지원팀

병원에서 감염이 일어나지 않도록 관리하고, 다른 병원에서 환자가 오면 질병 정도를 분류해 담당 수의사와 연결해 줘요. 또 전화로 진료 예약을 잡아주고, 1차 동물병원 수의사나 보호자와 연락하고, 회계와 시설 관리를 하는 등 다양한 일을 처리하고 있어요. 보이지 않는 곳에서도 꼼꼼하고 세심하게 일하는 이 팀 덕분에 피츠패트릭 진료 협력병원이 잘 굴러가고 있답니다.

인턴과 레지던트

인턴은 수의과대학을 졸업한 뒤 전문 진료 분야를 갖기 위해 수련하는 수의사를 말해요. 우리 병원에서는 1년 정도 일하며 훈련을 받아요. **레지던트**는 수의과대학 졸업 후 동물병원에서 근무한 경험이 있는 수의사예요. 한두 번 정도 인턴을 한 뒤 3년간의 집중 수련 과정인 레지던트에 지원한답니다. 레지던트 과정 동안 전문의가 되기 위해 꼭 통과해야 하는 아주 어려운 시험을 준비해요. 우리 병원은 주로 외과 전문의를 양성하지만 암이나 피부, 안과, 치과 전문 수의사들도 있으며 특수 반려동물 진료도 하고 있어요.

사실 '수의 외과'라는 말은 외과 전문 수의사만 수술을 한다는 오해를 심어 줄 수 있는데, 법적으로는 모든 수의사가 수술할 수 있으며 실제로 다른 진료과 수의사들도 수술을 하고 있어요. 그러나 오랫동안 공부하고 수련한 수의사라 해도 각 분야마다 요구되는 훈련과 기술 수준은 천차만별이에요. 결국 외과 전문의는 가장 철저한 수련을 거쳐 다양한 경험을 쌓고, 매 수술마다 닥쳐오는 어려운 과제를 효과적으로 다루는 기술을 연마한 수의사라고 할 수 있어요.

두 마리의 털북숭이 영웅들

우리 병원은 가족 같은 분위기에서 환자들을 위해 모두 한마음으로 최선을 다하고 있어요. 1년 동안 하루도 쉬지 않고 24시간 문을 여는 병원이기도 하죠. 심지어 우리 병원 직원들의 반려동물도 우리를 도와준답니다! 윌리엄이라는 고양이가 자동차에 치여 우리 병원으로 왔는데, 이미 너무 많은 피를 흘려 부러진 뼈를 수술하기도 전에 긴급 수

혈(다른 동물의 피를 주입하는 걸 말해요)이 필요한 상태였어요. 고양이 피는 세 가지 유형으로 나뉘기 때문에 우리는 윌리엄의 혈액형을 알아내려고 테스트를 했어요. 윌리엄은 가장 흔한 혈액형인 A형이었고, 간호사 중 한 명이 자신의 고양이 올슨의 피를 헌혈하겠다고 나섰어요. 그래서 올슨의 피를 뽑아 윌리엄에게 수혈해 줬죠. 우리는 올슨에게 간식도 잔뜩 주고 따뜻한 침상에서 회복하도록 했고, 윌리엄도 고비를 잘 넘겼어요. **이처럼 우리 병원은 사람과 동물을 가리지 않고 대가족을 이루고 서로를 따뜻하게 보살펴 주고 있어요.**

4장

신경-정형외과 전문 병원에 오신 걸 환영합니다

피츠패트릭 진료협력병원은 정형외과와 신경외과 수술 전문 병원입니다. 그러다 보니 1차 동물병원에서 뼈나 관절, 척추에 심각한 문제가 있는 환자를 보내는 경우가 많은데요. 이런 질환은 흔히 노화나 사고로 발생해요. 나는 수의대생 시절, 기증받은 개와 고양이의 사체와 두개골로 만든 해부 모형을 가지고 이 동물들의 신체 구조에 대해 공부했어요. 지금도 내 진료실에는 기증받은 고양이와 개의 진짜 골격 모형이 있어요! 이걸로 보호자에게 환자의 뼈 위치와 문제가 생긴 부위가 어디인지를 설명해 준답니다.

몸속 들여다보기

과거에는 아픈 동물의 몸속에서 무슨 일이 벌어지고

있는지 정확히 보기가 어려웠어요. 털과 피부 아래 감춰진 신체 내부의 작동 원리는 미스터리에 가까웠죠. 지금은 동물의 몸속을 들여다볼 수 있는 다양한 장비가 있어요. 환자를 처음 만나면 눈으로 보고 손으로 만져서 어떤 문제가 있는지 파악합니다. 하지만 정확한 진단을 내리려면 '영상 검사'를 통해 신체 내부를 봐야 해요.

　동물의 몸속을 살펴볼 수 있는 다양한 영상 검사를 아래에 소개할게요. 이 영상들은 숙련된 수의사, 외과 전문 수의사, 방사선 전문 수의사들이 보고 판독해요.

영상 진단 검사

1. 엑스레이(X-레이) 검사('X-선 검사', '방사선 검사'라고도 해요)는 가장 흔한 검사예요. 여러분도 뼈를 다쳤을 때 병원에서 찍어 봤을 거예요. X-선은 단단한 물질도 통과할 수 있는 고에너지 방사선 광선이에요. X-선을 환자 몸에 비추면 고에너지 방사선이 투과하며 필름이나 디지털 플레이트에 흑백의 이미지를 남겨요. 과거에는 필름에 이미지를 저장했지만 요즘은 디지털 플레이트에 저장하는 것인데, 뼈는 X-선이 잘 투과하지 못해 흰색으로 나타나게 된답니다. 엑스레이는 19세기에 우연히 발견됐어요. 의사들은 뼈가 부러진 부위를 찾거나 군인의 몸속에 박힌 총알을 찾는 데 엑스레이를 활용할 수 있다는 걸 깨달았어요. 엑스레이 이미지는 방사선 촬영 기사가 찍은 다음, 판독을 위해 수의사와 간호사에게 건네줘요. X-선 촬영을 하는 동안 환자가 움직이지 않도록 진정제나 마취제를 주사해요.

:

2. CT(컴퓨터 단층 촬영) 검사는 특정 신체 부위를 여러 각도에서 촬영한 X-선 사진을 컴퓨터에서 단면 영상으로 재구성하는 기법이에요. 3D 퍼즐을 맞추는 것처럼 말이죠. 환자에게 진정제나 마취제를 주입해 움직이지 않게 하고, 도넛처럼 가

운데가 뚫린 원통 모양의 CT 스캐너 안으로 침대를 이동시켜요. 환자 몸이 스캐너 안에 들어가면 원통 주위를 도는 X-선 발생 장치로 수백 장의 X-선 사진을 찍어요. 층층이 조각내듯 찍은 이 이미지들로 뼈, 장기, 혈관 등 환자 몸의 모든 조직을 합성시켜 3D 영상을 구현하는 원리죠. 촬영은 이 복잡한 기계를 다룰 수 있는 방사선 촬영 기사의 몫이에요. 덩어리나 종양 세포 같은 특정 조직을 구분하기 위해 특수 염료를 쓸 때도 있어요. 이런 암세포는 '선형 가속기'라는 기계를 이용해 많은 양의 방사선을 쏘아 제거해요.

3. 형광 투시법은 외과의사들이 수술을 하면서 X-선 이미지를 확인하는 기법이에요. 임플란트를 삽입하거나 동맥이 막히지 않도록 기다란 기구로 스텐트(혈관 안쪽을 벌리는 금속관)를 삽입할 때, 항암제를 투입할 때 등 밖에서는 보이지 않는 특정 부위를 정확히 겨냥해서 치료할 때 요긴한 기술이죠.

4. MRI(자기공명영상) 검사는 강력한 자기장과 전파를 이용해 몸속을 실시간으로 보여 주는 3D 이미지를 만들어 내요. 환자를 커다란 자석통에 들어가게 한 다음 자기장을 발생시키면 몸속의 수소 원자핵(양성자)이 반응하게 되는데, 이를 측정

해 컴퓨터로 몸속 영상을 구현하는 원리예요. 비유하자면, '양성자 지도'를 활용해 '자른 식빵 조각' 같은 장기의 단면 이미지들을 합해서 '식빵 덩어리'처럼 전체 이미지를 만드는 거죠. MRI 검사 역시 방사선 촬영 기사가 담당해요.

5. 초음파 스캔법은 수의사, 간호사, 방사선 촬영 기사가 다뤄요. 몸속에 발생시킨 초음파가 신체 조직과 체액 사이를 돌아다니다가 표면의 밀도 차이에 따라 다르게 튕겨 나오는 것을 이용해 몸속 이미지를 생성하는 원리예요.

6. 내시경은 신체 내부를 볼 수 있는 소형 카메라가 부착된 가늘고 단단한 의료 기구예요. 관절 내부를 볼 수 있는 관절내시경, 위·간·대장 등 복부 장기를 볼 수 있는 복강내시경, 폐와 흉막 등 가슴 부위를 보는 흉강내시경 등이 있어요. 피부를 살짝만 절개해도 내시경 카메라가 전송하는 이미지를 큰 화면에 띄워 놓고 실시간으로 보면서 수술할 수 있답니다. 잘 구부러지는 섬유광학 재질로 만들기 때문에 콧속이나 목구멍, 식도 등 굴곡이 있는 신체 기관 안에서도 이용할 수 있어요. 소화의 맨 마지막 단계인 배설을 담당하는 대장에서도 말이지요!

위에 소개한 영상 진단 검사 없이는 난 어떤 일도 할 수 없을 거예요. 하지만 동료들에게 항상 말하듯, 세상의 그 어떤 영상 검사도 숙련된 의사의 세밀한 진찰과 임상 기술을 따라가지 못한답니다.

환자 몸이 어디가 어떻게 잘못됐는지 밝히는 것을 '진단'이라고 하는데요. 제대로 된 진단을 하기 위해서는 손으로 만져 보고, 온도계로 체온을 재고, 청진기로 심장 박동을 들어 보는 등 외관을 철저히 진찰해야 해요. 신경-정형외과 수의사가 하는 주요 검사 중 하나인 **'보행평가'**는 개와 고양이가 걷는 모습을 관찰하는 아주 기본적이고 간단한 검사예요. 우리 병원에는 개와 고양이가 걸을 때 발바닥 볼록살에 어느 정도의 압력이 가해지는지 측정하는 도구가 설치된 보행로가 있어요.

여러분도 짐작하겠지만, 고양이는 그다지 협조적인 환자는 아니에요. 그래서 개와 고양이가 집 안에서 걷는 모습이 녹화된 영상을 참고하죠. 보행평가는 어떤 임무를 수행하거나 스포츠 대회에 출전하는 등 고난도 운동 능력이 요구되는 개에게 특히 중요한 검사예요. 점프나 달리기 같은 특정 동작에서만 문제가 나타나는 경우도 있거든요.

나는 환자의 '병력(환자가 지금까지 앓아 온 질병의 경과 및 치료

과정)'을 알아내기 위해 보호자들과 이야기도 나눠요. 환자가 과거에 사고를 당했는지, 행동의 변화가 생겼는지 말이에요. 걸음걸이가 달라졌거나 이상한 소리를 내거나 식이와 용변 습관이 평소와 다른가요? 사람과 달리 동물은 말을 할 수 없기 때문에 '어디가 아프다'고 표현하지 못해요. 그러나 몸짓 언어로 얼마든지 의사소통할 수 있어요. 예를 들어 앞발을 꼬집어도 아픔을 느끼지 못한다면 신경이 손상된 상태일 거예요. 어떤 부위를 만질 때마다 물려고 한다면, 그 부분이 아프다는 뜻이고요. 아주 온순한 개는 아픈 부위를 만져도 몸을 떨거나 입만 다시지만요. **뛰어난 수의사는 환자들의 그런 몸짓 언어를 잘 해석할 수 있어요.**

수의사는 때로 전기가 들어오지 않는 집을 방문한 수리공 같아요. 어떤 문제가 생겼을 때, 처음부터 다 파악할 수 있는 건 아니라는 거죠. 집주인에게 그간 무슨 일이 있었는지 물어보고 스위치를 점검하고 몇 가지 테스트를 해 봐야 해요. 전선 배치에 이상이 있는지 보기 위해 벽을 허물거나 구멍을 내기도 해요! 채혈 등 다른 검사도 해 보죠. 수의사가 찾는 질병의 원인에 따라, 혈액을 가지고 할 수 있는 검사만도 수백 가지가 넘어요. 소변과 대변('똥' 대신 점잖게 대변이라고 해 봤어요!) 검사도 아주 중요한 검사예요.

영상 검사와 혈액 검사는 반려동물 몸에 무슨 일이 일어나고 있는지 보호자에게 설명해 줄 때 유용해요. 나는 개와 고양이 몸의 구조를 손바닥 보듯 훤히 꿰고 있지만, 대부분의 보호자는 그렇지 않죠. 영상 검사 결과는 치료법을 찾는 도구이자, 수술실에서 환자 몸을 갈랐을 때 발견하게 될 것을 대비하게 해 주는 단서예요.

부어오른 상처에서 진물을 빼내고 찢어진 상처를 봉합하는 것은 간단한 수술이에요. 부러진 뼈는 핀과 플레이트(정형외과에서 골절된 뼈를 고정시킬 때 쓰는 금속판)를 고정하고 스크류(정형외과에서 쓰는 나사)를 조여 고치죠. 하지만 어떤 수술은 이보다 훨씬 복잡해요. 임플란트는 제거한 뼈를 대체하거나 서로 부딪히는 두 개의 뼈를 분리, 고정할 때 쓰는 도구예요. 이때 CT 이미지를 활용해 딱 맞는 크기와 모양의 임플란트를 미리 만들어 두면, 수술할 때 바로 그 자리에 끼워 넣을 수 있답니다. 바로 '환자 맞춤 임플란트'예요. 수술이 끝나면 CT 이미지를 다시 한번 촬영해 임플란트가 제자리에 삽입됐는지, 계획한 대로 뼈가 고정됐는지 확인하죠.

마취, 아무것도 느끼지 못하게

피츠패트릭 진료협력병원에는 많은 전문의가 있지만, 이 중 마취 팀의 역할이 가장 중요해요. 마취 전문의는 환자가 수술하는 동안 몸이 이완되고 깊은 잠에 빠지도록 마취제를 주사하거나 구강으로 가스를 주입하는 수의사예요. 이뿐 아니라 통증을 관리하는 다른 조치들도 시행해요. 때로는 간호사가 수의사의 지시대로 마취제를 주사하기도 하는데, 보통 수술실 간호사들은 수술하는 동안 마취 상태를 계속 확인해요. 마취제는 (근육 운동을 담당하는) 수의신경 신호가 뇌에서 신체 부위로, 또는 신체 부위에서 뇌로 전달되는 것을 차단해요.

수술 부위만 마취시키고 환자의 의식은 깨어 있게 하는 것을 '국소마취'라고 해요. 반면 '전신마취'는 환자를 완전 무의식 상태로 만들죠. '간단한 수술은 깊은 마취를 하지 않는다'거나 '모든 외과수술은 전신마취를 한다'고 생각하는 것은 오해예요. 마취할 때 수술 시간의 길고 짧음은 상관없어요. 중요한 것은 **환자가 고통을 느끼지 않도록** 하는 거예요. 우리는 개와 고양이를 수술할 때 이를 아주 조심스럽게 가늠한답니다. 환자가 수술 시간에 알맞게 잠들 수 있는지,

통증을 충분히 제어할 수 있는지를 따져 필요한 만큼만 마취제를 투여하죠.

절단

병원에서 내가 하는 일은 아래와 같아요.

🐾 급성 질환 환자(응급 처치가 필요한 동물) 진료하기

🐾 만성 통증 환자(오랜 시간 아팠거나 점점 상태가 나빠지는 경우)
의 치료 상담하기

🐾 예전에 진료했거나 수술한 환자의 회복 상태 확인하기

🐾 수술하기

🐾 학회(수의사들이 함께 모여 연구·토론하는 대회)나 훈련 프로그
램 강연 준비

🐾 학술 논문 또는 책(여러분이 지금 읽고 있는 이 책 포함!) 쓰기

🐾 동료들과 병원 운영 의논하기

🐾 자선단체 일하기

🐾 방송 프로그램 촬영하기

위와 같은 일들이 한꺼번에 몰릴 때도
있어요. 수술 일정과 방송 촬영이 겹치는 경우처

럼요. 하루하루가 바쁘고 다채롭죠! 피츠패트릭 진료협력 병원에는 예닐곱 명의 외과 전문의가 있지만, 뼈에 문제가 생긴 동물을 수술하는 정형외과와, 뇌·척수·신경을 고치는 신경외과 분야만 다뤄요. 나는 외과수술을 '절단'이라 부르기도 하는데, 수술할 때 작지만 아주 날카로운 칼날이 달린 메스를 사용하기 때문이에요(나도 메스에 손을 여러 번 베였답니다!).

나는 지난 수년간 환자들의 삶의 질을 높이는 임플란트와 인공기관(인공으로 만든 신체 조직) 수술에 더욱 전문성을 쌓았어요. 자세한 이야기는 뒤에 나올 거예요.

어떤 수술은 빨리 끝나지만, 또 어떤 수술은 예측하기 어렵고 시간이 많이 걸리기도 해요. 수술은 고도의 집중력을 요구하는 무척 고되고 피곤한 일이에요. 허리를 계속 구부리고 수술하느라 등과 허리를 포함해 이곳저곳 안 아픈 데가 없죠. 어떤 수술을 하든, 외과의사가 사람 환자를 수술할 때와 똑같은 준비를 한답니다. **무엇보다 중요한 건 감염이 일어나지 않도록 위생 관리를 철저히 하는 거예요.**

- 머리카락 한 올도 떨어지지 않게 수술 모자를 쓰고, 내 입 김이 환자 몸에 닿지 않도록 수술용 마스크도 착용해요.
- 수술하다가 피나 분비물이 튈 경우를 대비해 눈 보호 안경을 써요.
- 항균 비누로 손과 손가락, 팔뚝까지 꼼꼼하게 씻고 손톱도 자주 깎아요.
- 90초 동안 특수 멸균제를 손에 문질러요.
- 수술실 간호조무사가 내게 멸균 처리된 수술복을 입혀 주고 수술 장갑도 끼워 줘요.
- 모든 수술 도구는 철저히 멸균 소독해서 감염을 일으킬지 모르는 미생물을 제거해요.

마취제 덕분에 환자는 수술 전에 이미 무의식 상태가 돼요. 수술 부위는 털을 말끔히 밀고 소독해 두죠. 나는 수술 부위 주변을 가리는 (종이나 비닐로 된) 덮개를 펼쳐요. 소독한 수술 도구와 임플란트, 스크류 등은 수술대 옆 트레이에 가지런히 올려놓아요. 미리 찍어 둔 영상 진단 이미지는 잘 보이는 곳에 걸어, 수술 부위를 다시 한번 확인할 수 있게 해 둡니다.

어떤 수술은 수백 번도 넘게 했어요. 못쓰

게 된 고관절을 인공 고관절로 갈아 끼우는 '고관절 대치술'도 자주 하는 수술인데, 수술 부위를 절개하기 위해 처음 메스를 대는 순간부터 마지막 봉합까지 한 시간도 안 걸려요. 디스크가 튀어나오고 척수가 새 나와 이를 제거하는 척추 수술은 15분에서 30분을 넘지 않아요. 하지만 예상치 못한 상황이 벌어져 더 오래 걸리는 수술도 있죠. 내가 가장 오래 한 수술은 **12시간이 넘어요!** 하지만 경험이 쌓일수록 수술 시간도 단축될 거예요. 수술은 '빨리' 끝내는 것보다 '잘' 하는 것이 더 중요하답니다.

내 수술 도구들은 여러 가지 면에서 아주 기본적인 도구들이에요. 환부를 벌리거나 장기를 옆으로 밀어 놓을 때 쓰는 갈고리(후크), 신체 조직이나 물체를 집는 겸자, 뼈를 자를 때 쓰는 톱(나는 압축 공기로 돌아가는 톱인 '마이크로 톱'을 쓴답니다), 수술 바늘을 잡는 바늘 집게(니들 홀더) 등인데, 외과의사들이 수 세기에 걸쳐 사용해 온 것과 같아요. 나는 임플란트 스크류를 박을 땐 드릴을, 수술 부위에서 계속 흘러나오는 피를 빼낼 땐 흡입 튜브를 쓰죠. 이런 도구들은 오랜 시간에 걸쳐 개선돼 왔으며 현대적인 재질로 만들어졌어요.

수술할 땐 환자의 몸을 잡아 줄 인턴

수의사, 마취 담당 간호사, 나에게 수술 도구를 건네줄 간호조무사 등 서너 명의 의료진이 함께해요. 물론 환자가 있고요. 수술할 땐 말을 거의 하지 않아요. '주세요'나 '고마워요'라는 말은 자주 하지만요. 특히 까다로운 수술을 할 땐 말을 아껴요. 환자를 치료하는 데만 집중하죠.

회복으로 가는 길

내가 수술을 끝내면 인턴이 수술 부위를 봉합하고 환자를 회복 병동으로 옮겨요. 서로 종이 다른 환자들이 각각 안전하고 편안하게 쉴 수 있도록 개와 고양이를 분리한 병동으로요. 우리 병원은 환자가 갇혀 있는 기분을 느끼지 않도록 병동에 창살 대신 강화 유리를 세웠어요. 환자들을 위해 라디오나 텔레비전을 켜 주기도 하고요. 수술실 간호사가 환자가 마취에서 깨어나는 것을 확인하면, 병동 간호사와 조무사가 환자를 인계받아 약을 먹이고 먹이를 주고 대소변을 확인해요!

큰 수술일수록 회복하는 데 시간이 걸려요. 며칠, 몇 주, 심지어 몇 달이 걸리기도 해요. 동물은 사람처럼 '빨리 낮게 푹 쉬어!'라고 말해도 알아듣지 못해요. 자기 몸에 뭐가 좋은지 구별하지 못하기 때문에 못 움직이게 말려도 소용없죠. 정형외과 수술을 마친 개나 고양이에게 가장 큰 위험 요소는 바로 자신들이에요. 수술 후 보호자를 다시 만난 개는 너무 반가운 나머지 미친 듯이 엉덩이를 흔들고 펄쩍펄쩍 뛸 거예요. 고양이라면 주위를 마구 돌아다니고 싶어 할 거고요!

뼈나 관절을 제자리에 돌려놓는 수술을 받은 환자가 절대 하지 말아야 할 행동이 수술 부위를 건드리는 거예요. 그래서 나는 '뛰지 마, 미끄러지면 안 돼!'라는 말을 입에 달고 살아요. 꿰맨 곳에 입을 대는 환자에겐 '핥지 마!' 소리도 자주 하고요.

조각난 뼈가 다시 붙도록 다리 바깥에서 지지하는 '**외부 고정장치(ESF라고도 해요)**'를 했을 때는, 이를 환자가 이빨로 물어뜯지 못하게 하는 게 중요해요. 그래서 몇 가지 장치를 준비해요. 고개를 움직이지 못하도록 목에 튜브나 넥카라를 씌워 주면 고정기를 물거나 상처를 핥는 것을 막을 수 있답니다. **어떤 사람들은 넥카라를 '개**

망신 깔대기'라고 부르지만, 나는 오히려 '기품 있는 깔대기'라고 부르겠어요!

붕대도 마찬가지예요. 개와 고양이는 이빨로 반창고나 붕대를 간단히 떼낼 뿐 아니라 봉합 부위에 박은 철심이나 나일론 실밥도 뜯어 내요. 몸 구석구석 안 건드리는 데가 없죠! 이때도 '기품 있는 깔때기'가 답이에요.

나는 목을 심하게 다쳐 견인기를 착용한 적이 있어요. 절대 건드리지 말라는 의사 선생님의 엄중한 지시대로 몇 주나 차고 있었죠. **개와 고양이 목에 걸어 주는 넥카라는 꿰매고 소독한 부위에 입을 못 대게 하는 용도**지만, 내가 착용한 견인기는 목뼈 한 군데가 부러진 터라 목을 못 움직이게 하는 것이었어요. 견인기를 착용해 본 덕분에 (내게 인내심을 가르쳐 준) 환자들의 심정을 충분히 이해할 수 있었어요. 시시때때로 가렵고 불편하기 짝이 없는데, 동물 환자들도 마찬가지일 거예요. 마침내 견인기를 벗었을 때 얼마나 시원했는지 몰라요! 동물과 인간은, 우리가 생각하는 것보다 훨씬 공통점이 많답니다.

수술 후에는 항상 감염의 위험이 따라요. 감염은 박테리아 같은 세균성 미생물이 수술 부위나 상처에 침투해 번

식하는 것을 말해요. 박테리아 역시 생물이라서 인간이나 우리의 반려동물들처럼 생존 욕구가 있어요! 수술 전후 살균 소독을 아무리 철저히 해도, 심지어 수술 중에도 감염이 일어나죠. 그 모든 예방 조치에도 불구하고 감염을 완전히 막지는 못해요.

보통 감염은 혈류를 타고 구강이나 위, 방광(오줌을 저장하는 장기) 등 환자 몸 어딘가에서 발생하거나, 환자가 누워 있던 침대나 얇은 상처 등 외부에서 발생해요. 감염은 환자를 매우 심각한 상태에 빠뜨릴 수 있어요. 신체 조직이 괴사(썩어 들어가서 기능을 잃는 것)해 사지를 절단하거나 패혈증을 일으켜 죽을 수도 있기 때문에, 감염이 일어나면 항생제를 처방해요. 병동에서 일하는 의료진은 감염 증상을 초기에 발견할 수 있도록 훈련받은 사람들이에요. 상처에서 고름(노란색 진물)이 나오는지, 이상 행동을 하는지, 움직임이나 식욕이 정상인지 환자의 회복 과정을 자세히 관찰하고 주기적으로 열을 재죠.

퇴원 시에는 보호자에게 환자가 먹어야 할 음식, 적절한 운동량, 주의 깊게 지켜볼 점 등을 일러 주고 재진료 일정을 잡아요. 문제가 있으면 언제든 전화하라는 당부도 잊지 않죠. **치료는 단순히 수술에서 그치지 않아요. 동물을 걱정하고 아끼는 마음으로 모두가 끝까지 함께하는 과정이랍니다.**

　퇴원 후 환자가 상태를 확인하기 위해 다시 병원에 오면 회복이 잘 되고 있는지, 수술한 부위는 감염 증상 없이 잘 아물었는지, 신체 기능은 회복되고 있는지 살펴봐요. 보호자는 자신들의 반려동물에 대해 누구보다 잘 알기 때문에 환자가 여전히 아픈지, 정상으로 돌아왔는지 말해 줄 거예요. 개나 고양이의 행동만 봐도 많은 것을 파악할 수 있어요. **꼬리를 힘차게 흔들고 눈빛이 또랑또랑하다면 컨디션이 좋다고 할 수 있어요!**

　우리는 붕대를 갈아 주고, 실밥을 제거하고, 상처를 소독해 줘요. 정기적으로 엑스레이 또는 CT 촬영을 하며 경과를 지켜보죠.

　수술 후 세 개의 다리로 걷는 법을 배우고, 새 척추나 관절 임플란트에 적응하며 사는 법을 배우기 위해 우리 병원에 오는 동물들도 있어요. 이를 위해서는 앞에서 소개한 수중 치료와 물리치료를 통해 최대한 안전하게 익히는 것이 중요해요.

많은 친구들이 수의사나 동물병원 간호사를 꿈의 직업으로 생각할 거예요. 수의사나 간호사가 되려면 진짜 열심히 공부해야 해요. 수의과대학에 들어가려면 성적이 최상위권이 돼야 하니까요. 대학에 들어가서도 오랜 수련 기간이 필요한데, 졸업 후 선택할 수 있는 수의학 분야가 아주 다양해요. 하지만 시험을 통과하고 자격증을 따는 게 끝이 아니에요. 맡은 환자에게 옳은 결정을 내리기 위해 항상 노력하고, 동물을 아끼고 사랑하는 마음을 갖는 것이 무엇보다 중요하죠. 나라면 시험 성적보다 동물을 생각하는 마음의 크기를 보고 수의사를 뽑을 거예요. 물론 수의학 지식도 제대로 갖춰야겠지만요.

작별 인사

슬프게도 생명을 유지시키는 게 더 나쁜 선택일 정도로 몸 상태가 좋지 않은 동물도 있어요. 차라리 편안하게 세상을 떠날 수 있게 도와주는 것이 나은 경우죠. 갑자기 병세가 나빠졌거나 오랫동안 앓아 왔거나, 수술해도 낫지 않을 때 말이에요. 이때도 보호자나 수의사의 마음이 슬픈 것은 뒤로 하고, 환자에게 가장 나은 결정을 내리는 게 중요해요.

나는 보호자 가족이 반려동물을 위해 최선을 다했다면 이를 편안히 받아들이기 바라요.

안락사는 고통받는 동물의 삶을 마무리하는 수단으로, 수의사로서 가장 하기 힘든 일이기도 하죠. 환자가 극심한 고통을 겪고 있거나 더 나아질 가능성이 보이지 않을 때 안락사를 권해요. 이때, 반려동물이 편히 잠들도록 하는 게 최선이라는 걸 보호자에게 잘 설명해 준답니다.

보호자가 사랑하는 반려동물과 작별 인사하는 모습을 지켜보는 것이 수의사로서 가장 슬픈 순간이에요. 여러 번 경험해도 절대 익숙해지지 않죠. 대부분의 보호자에게 반려동물은 행복한 순간을 함께해 온 소중한 가족이에요. 그래서 안락사를 시행할 땐 최대한 조용하고 편안하게 마치려고 노력해요. 보호자 가족들은 대개 곁에 있고 싶어 하는데, 나 역시 이를 권하는 편이에요. 작별 인사를 제대로 해야 마음의 평화를 찾을 수 있으니까요. 안락사 후에는 보호자에게 사랑했던 반려동물과 마지막으로 같이 있는 시간을 잠시 준답니다. 우리를 조건 없이 사랑해 주는 동물들과 이 세상을 함께 살아간다는 건 정말 기적 같은 일이에요.

수의사는 돈을 많이 버는 직업이다?

아버지는 내가 수의사로 일하는 동안 딱 두 번 찾아오셨어요. 첫 번째는 어느 농가의 헛간에서 수술을 하고 있을 때였어요. 그 자리에서 엑스레이 사진도 찍고, 수술 도구를 소독하고, 환자를 마취시키고, 수술까지 다 했어요. 당시 나사를 박을 때 쓰던 드릴은 공사장에서 쓰는 드릴과 똑같았고, 척수 수술할 때 쓰던 드릴은 목수용 드릴이었어요. 둘 다 살균 처리한 천으로 감쌌죠. 농장에서 아버지를 돕던 내가 수술하는 모습을 보여 드릴 수 있게 됐다는 생각에 가슴이 설렜어요. 더구나 농장 일을 할 때 쓰는 도구로 수술을 하니까요.

두 번째는 아버지가 돌아가시기 얼마 전이었어요. 피츠패트릭 진료협력병원을 막 짓기 시작한 무렵이었죠. 아일랜드 우리 집 농장에 있던 것과 꼭 닮은, 낡은 건초 창고를 개조한 건물 안을 돌며 앞으로 수중 치료실이 들어설 자리도 보여 드렸어요. 아버지는 병원에 그런 재활 치료 시설이 있다는데 적잖이 놀란 눈치였지만, 내가 십 대일 때 들려주신 조언을 다시 말씀하실 뿐이었어요. '작은 돈이라도 무서운 줄 알아라. 그래야 큰돈을 모으는 법이다. 꿈을 이루려면 배짱과 끈기가 있어야 하지만, 돈이 필요한 때도 반드시 올 거야.' 다시 말해 돈을 조심해서 쓰라는 말씀이었어요. 아버지가 옳았어요. 얼마 지나지 않아 돈이 바닥나, 더 이상 병원을 지을 수 없는 지경까지 이르렀거든요. 배짱과 끈기로 고비를 넘겼지만요.

오늘날 수의사라는 직업은 내가 수의과대학을 졸업했을 때와 많이 달라졌어요. 기술과 지식이 발전한 까닭도 있지만, 수의학 분야가 하나의 거대한 산업으로 성장했기 때문이에요. 안타깝게도 이것은, 동물을 돌보는 일에 있어서 그 종사자들이 환자와 그 보호자 가족의 이익을 항상 최우선으로 할 수 없게 됐다는 뜻이에요. 수의사들이 할 수 있는 치료에 (심지어 그 치료가 환자에게 꼭 필요한 것인데도) 제약이 따를 때가 많아요. 내가 보기에 어떤 동물병원은 뜻은 좋으나 충분히 숙련되지 않은 기술로 수술을 하고 있어요. 정말 걱정스러운 일이죠.

동물병원도 직원들에게 임금을 지급하고 운영을 지속하려면 돈을 많이 벌어야 해요. 하지만 동물을 돌보고 수의사가 되려는 첫 번째 이유가 '돈' 때문이라면 곤란해요. 나는 항상 환자 측에 선택권을 줘야 한다는 입장이에요.

우리 병원이 어떤 분야에서 전문성이 떨어진다면, 그 환자를 잘 치료할 수 있는 다른 병원으로 보내는 한이 있더라도 말이에요.

나는 환자들을 돌볼 때 하나하나 최선을 다해요. 우리 병원은 '독립' 병원이에요. 거대 기업이 소유한 병원이 아니란 뜻이에요. 이런 병원들은 주주들(기업의 소유권을 나눠 갖는 사람들)을 위해 큰돈을 벌어야 해요.

독립된 병원으로서 복잡한 수술을 할수록 우리에게 돌아오는 이익은 별로 없어요. 나와 내 동료들이 생체공학 인공기관 개발부터 임플란트 제작, 수술, 사후 관리까지 전부 하니까요. 간단하고 빨리 끝낼 수 있는 수술을 해야 훨씬 더 많은 돈을 벌 수 있죠. 하지만 세상 모든 돈을 벌어들이는 것보다 나를 찾아오는 환자들과 보호자들이 훨씬 중요하다고 믿어요. 수의사가 되고 싶다면, 이걸 꼭 명심했으면 좋겠어요.

또한 **일이 언제나 계획대로 되지 않는다는 걸 기억하기 바라요. 생각처럼 흘러가지 않으면 또 어떤가요.** 내 꿈은 원래 정형외과와 신

경외과, 연부조직외과와 암 전문센터가 함께 있는 병원을 이루는 것이었어요. 그러려면 병원을 하나 더 세워야 해서 돈을 많이 빌려야 했죠. 그래서 우리 모두 열심히 일했지만 뜻대로 되지 않았어요. 몇몇 수의사들이 병원을 떠나자 동료들은 다른 방법을 찾고 싶어 했고 결국 돈도 다 떨어졌죠.

이 같은 경험을 통해 꿈을 좇을 때 돈보다 더 중요한 것이 있다는 사실을 깨달았어요. 바로 **쉽게 꺾이지 않는 회복 능력(회복 탄력성)**이에요. 지난 잘못으로부터 교훈을 얻고, 내가 가진 자원이 무엇이든 동물을 돌보는 데 최선을 다하고, 높은 수준의 실력과 열정을 유지하는 거죠. 사람마다 꿈이 다르며, 동물병원에서 팀으로 일하는 이상 **서로 도와야 한다**는 것도 배웠고요.

어떤 것이든 자신의 꿈 앞에선 누구나 진실할 거예요. 우리 아버지가 해 주신 지혜의 말씀을 여러분과 나누고 싶어요. '**비록 돈이 없더라도 배짱과 끈기를 가지고 꿈을 좇아라. 네가 살아 있다는 걸 느낄 수 있을 테니.**'

5장

인공기관, 임플란트 그리고 생체공학 다리

　피츠패트릭 진료협력병원에서 주로 다루는 분야는 신경-정형외과예요. 이동(움직임)에 문제가 생긴 동물들을 돕는 과이지요. 이런 문제는 교통사고로 크게 다치거나 출혈이 심해 일어날 수도 있지만, 유전적인 요인으로 관절이나 척추에 이상이 생기기도 해요. 유전적인 질환은 맨눈으로 구분하기도 어렵죠. 신경-정형외과 수술은 대개 뼈를 옮기거나 제거하고, 고장 난 관절을 고치고, 부러진 뼈를 맞추고, 척추 디스크를 수술하는 일이에요. 하지만 나는 무엇보다 환자 맞춤 임플란트와 인공기관을 다루는 수의사로 유명하답니다.

　인간은 지난 수천 년간 신체기관 일부를 대체하기 위해 만든 **인공기관**을 이용해 왔어요. 외관상(미용) 이유로나 이동 기능을 더해 삶의 질을 높이기 위해서였죠.

전쟁이 잦고 의술은 부족했던 과거에는 전장에서 돌아온 군인들이 잘리고 훼손된 코와 눈을 대체할 것을 찾았어요. 다리를 잃은 군인은 다시 걷기 위해 나무로 만든 의족(질병이나 사고 등으로 절단된 다리의 형태와 기능을 복원하기 위해 부착하는 인공 다리-옮긴이)을 원했고요.

내가 의족을 처음 본 때가 생각나는군요. 우리 폴 삼촌 말이에요. 삼촌은 젊었을 때 오토바이 사고로 한쪽 무릎 아래를 통째로 잃었어요. 걸을 때마다 다리를 심하게 절었던 삼촌은 반바지를 절대로 입지 않아, 남은 다리와 나무 의족이 연결된 부분은 볼 수가 없었어요. 어느 무더운 여름날, 삼촌과 아일랜드 섀넌 강가에 낚시를 하러 갔을 때였어요. 그날따라 삼촌이 계속 짜증을 냈어요. 배에서 내가 노를 젓는 동안 삼촌이 바짓단을 걷어 올렸는데, 그때 처음으로 의족을 봤어요. 나무로 만든 의족이 끈으로 다리에 고정돼 있었죠. 땀범벅이 된 삼촌은 아파서 잔뜩 찡그린 얼굴로 투덜거리며 끈을 느슨하게 풀었어요. 그러더니 나한테 미리 말해 주지도 않고 갑자기 의족을 휙 빼 버리지 뭐예요. **미안한 이야기지만, 나도 모르게 비명을 질렀어요!**

의족과 연결돼 있던 다리 끝은 딱지가 앉아 있고 마치 고깃덩어리처럼 벌겠어요. 깜짝 놀란 내가 벌떡 일어나 후

다닥 뒤로 물러나는 바람에 배가 기울어지면서 삼촌의 나무 의족이 강물에 빠지고 말았어요! (걱정하지 마세요. 나중에 한참 떨어진 강 하류에서 의족을 다시 찾았으니까요)

인공기관의 종류

'인공기관'이라고 하면, 사람들은 팔이나 다리가 절단되고 남은 부위에 끼우는 의수(인공 팔)나 의족(인공 다리) 같은 인공 보형물만 떠올려요. 하지만 엄밀히 말하면, 결손 또는 손상된 신체 부위를 대체하거나 보충할 수 있는 모든 대용물을 일컫는 말이에요. 그런 의미에서 내가 환자 몸에 시술하는 '임플란트'도 인공기관이라 할 수 있어요. 악성종양이 생긴 뼈를 떼어 낸 자리에 채워 넣는 금속 충전재나 관절에 끼우는 보철물을 예로 들 수 있죠. 인공기관은 크게 세 가지 종류로 나뉘어요.

1. 금속, 플라스틱, 그 외 다른 재질로 팔다리뼈의 속을 대신 채우는 방법이에요. 사고나 암으로 망가진 뼈나 사지 관절을 대신하는 것이랍니다.

2. 절단된 사람의 손과 발 또는 개와 고양이의 손상된 사지에 금속을 부착하는 방법이에요. 금속 막대를 뼛속에 삽입하거나 뼈 바깥에 금속판을 대고 나사를 조이는 거예요. 그러고 나서 피부를 뼈 바깥쪽 금속판 격자망에 이으면, '꼭지'라고 알려진 경피용 핀이 피부를 뚫고 나와요. 이 핀에 바깥쪽 발을 다는 거예요. 따라서 '생체공학 다리'라고 하는 것은 안쪽과 바깥쪽 부분을 모두 가지고 있죠. 이는 마치 사슴뿔이 감염을 일으키지 않고도 두개골 중심부에서부터 부드러운 피부를 뚫고 올라오는 것과 같은 원리예요.

3. 신체 부위를 절단하고 남은 살덩어리에 곧바로 연결하는 '소켓'은 플라스틱, 유리섬유, 압력 흡수 쿠션 등 다양한 소재로 만들어져요. 폴 삼촌을 비롯해 사람들은 금속으로 다리나 발, 손을 만들기 이전에 주로 나무로 만든 소켓을 썼어요. 동물용 소켓은 주로 말랑한 발바닥까지 닿을 수 있는 유리섬유로 만들어요. 이를 '의족 소켓'이라 부르는데, 사람과 동물의 사지를 대체할 때 가장 흔히 쓰이죠. 뼈에 직접 부착하는 것은 아니기 때문에 '생체공학 다리'와는 다르답니다.

요즘은 사람이든 동물이든 수술할 때 플라스틱과 금속

으로 만든 관절로 엉덩이뼈와 무릎을 대체하고, 인공 디스크를 척추의 마모된 부위에 갈아 끼워요. 이런 건 모두 신체 내부에 삽입하는 인공기관이죠. 인공기관 이식 분야의 의료기술이 발전하면서 이제는 거의 모든 종류의 인공기관을 만들 수 있게 됐어요. 예를 들어 **안구를 잃으면 '유리 눈'으로 대체할 수가 있어요.** 사실은 유리가 아니라 딱딱한 플라스틱 아크릴로 만든 것이지만요. 그런데 최근에는 전기장치로 된 인공기관으로 시각, 청각 장애의 기능을 대체하고 있어요! 미래에는 모든 신체 조직을 대신할 수 있는 인공기관 임플란트 기술이 나올 거라고 믿어요.

인간이 자신을 돌보는 것과 같은 수준으로 동물에게도 적절한 돌봄을 제공하기 시작한 것은 그리 오래되지 않았어요. 나는 인공기관을 도구로 동물들을 돕기 시작하면서, 사람을 고치는 의학계에 관심을 기울이게 됐어요. 그뿐만 아니라 인체에 이식할 임플란트를 테스트하기 위해 동물실험을 하는 것도 주의 깊게 보곤 했어요. 그 결과 피츠패트릭 진료 협력병원은 실력에서나 시설 면에서 전 세계의 어느 병원(사람들이 가는 병원)과도 겨룰 수 있는 수준이 됐어요.

개와 고양이도 사고나 질병으로 영원히 다리를 잃을 수 있어요. 사고로 목숨은 건졌지만 다리를 하나 절단할 경우 개와 고양이는 남은 세 다리로 얼마든지 걷고 뛰고 달릴 수 있어요. 나는 동물 환자의 보호자들에게도 이렇게 이야기해 준답니다. 잃어버린 다리를 대체할 인공기관 이식 수술을 권할 수 없는 상태거나 수술이 불가능한 경우도 많아요. 하지만 동물들은 놀라운 회복 능력을 가지고 있다고 말이에요.

두 다리를 잃는 것은 반려 개나 고양이에게 큰 충격일 거예요. 안타깝게도 나는 차에 치이고, 바퀴 밑에 깔리고, 차에 끌려 가는 사고를 자주 봐요. 이런 사고는 두 다리를 크게 손상시키기 쉬워요. 보통 무릎 아래쪽을 제거하는 부분 절단이나 안락사밖에 선택지가 없어요. 그래서 많은 수의사가 안락사를 권했지만, 이제는 임플란트 기술의 발전으로, 위에 설명한 인공기관 이식을 통해 목숨을 잃을 뻔한 동물들도 새 삶을 시작할 수 있게 됐어요. 나는 세계 최초로 이런 기술을 개와 고양이에게 시도해 성공을 거둔 수의사예요!

뒷다리 두 개를 모두 잃었거나 척추 손상으로 움직이지 못하는 개의 보호자들은 바퀴 달린 보행 카트를 선택하기도 해요. 인공기관은 아니지만, 반려 개가 좋은 삶의 질을 누릴 수 있는 수단이 된답니다. 하지만 고양이에게는 이런 카트를 거의 쓰지 않죠.

피넛과 오스카 그리고 생체공학 고양이들

고양이는 개보다 독립적인 성향이 강해요. 보호자와 가족들 곁에 있어야 행복을 느끼는 개와 달리 **혼자 있는 것을 좋아하죠.** 많은 고양이가 태생적으로 방랑자 기질을 지녔어요. 그래서 밤이 되면 보호자들이 고양이를 밖으로 내보내 자유롭게 탐색하게 해 주죠. 이때 고양이는 비밀스러운 사냥을 하고 오기도 해요. 아침이 돼서야 주린 배를 안고 집으로 돌아와 보호자의 품에 안기죠.

하지만 이렇게 돌아다니기를 좋아하는 본능 때문에 문제가 일어나기도 하는데요. 영국에서는 하루에 600마리가 넘는 고양이가 차에 치이고 있어요. 교통량이 늘어날수록 이 비극적인 숫자도 늘어나겠죠. 또 고양이는 혼자 창고나 헛간에 갇히기도 쉽고, 다른 고양이들과도 잘 싸우는 성향이 있어요. 만약 여러분이 밤 나들이를 좋아하는 고양이와 함께 살고 있다면, 밤새 다치고 들어온 이 털북숭이 친구를 데리고 동네 동물병원을 찾게 될 가능성이 높아요.

그런데 나에게 이송된 고양이들은 1차 동물병원의 진

료를 뛰어넘는 수준의 치료가 필요한 경우예요.

짧은 털을 가진 검은 고양이 오스카는 끔찍한 사고를 당했어요. 시골에 살던 녀석은 집 뒤에 펼쳐진 옥수수밭을 돌아다니며 쥐나 토끼를 쫓곤 했는데요. 그러다 불행히도 추수할 때 모는 농기계차 '콤바인'과 맞닥뜨린 거예요. 그다음 어떤 일이 벌어졌을지는 여러분도 짐작할 수 있겠죠. 오스카는 높게 자란 옥수수밭 한가운데서 요란한 굉음을 내는 저 기계가 어느 방향에서 오고 있는지 가늠하기 힘들었을 거예요. 땅까지 흔들리기 시작하면서 잔뜩 겁을 먹었을 테고요. 엉뚱한 방향으로 달아나던 오스카는 그만 콤바인의 칼날에 뒷발 두 개가 물려 작살나고 말았어요.

오스카 가족은 1차 동물병원 수의사의 처치를 받고 내게 오스카를 데려왔어요. 살점이 떨어져 나간 상처에 붕대를 감고 감염을 막는 항생제를 처방받은 거예요. 하지만 이는 임시 처방에 불과했어요. 두 뒷발이 발목 관절 아래로 뭉텅 잘려 나간 심각한 상태였으니까요. 고양이 발목은 **정강이뼈**(경골)와, 보행 시 가장 중요한 기능을 하는 두 개의 뼈인 **목말뼈**(거골)과 **발꿈치뼈**(종골) 사이에 있는 관절이에요. **고양이는 발끝으로 서기 때문에 발목과 발가락 사이 곡선을 이루는 발허리뼈(중족골)가 땅에서 떨어져 있어요.** 하지만 오스카는 발허리뼈와 발가락이 떨어져 나가 목말뼈와 발꿈치뼈만 남아 있었어요.

그때까지만 해도 나는 한쪽 다리에만 인공기관을 달아 봤고, 내가 알기로 두 다리에 한꺼번에 임플란트를 하거나, 이런 경우에 움직이는 발목 관절을 보존한 수의사는 없었어요. 하지만 오스카는 두 살밖에 안 된, 앞으로 살아갈 날들이 훨씬 많은 고양이었어요. 가족들은 내게 오스카를 고쳐 달라고 했어요. 내가 한 수술 과정은 다음과 같아요.

1. 오스카의 뒷다리 발꿈치뼈(더 큰 발목뼈)에 각각 금속 막대를 대고 이것을 목말뼈(좀 더 작은 발목뼈)에 합착(뼈를 한데 합해 붙이는 것)시켜요. 그러면 금속 막대 위로 뼈가 자라고, 피부도 금속에 볼록하게 올라오도록 특수 제작한 부분, 그러니까 벌집 모양으로 생긴 금속 막대의 바닥 쪽으로 자라게 될 거예요. 이를 의학 용어로는 '관내장치(관내인공삽입)'라고 하는데, 생체공학 다리 안쪽에 삽입하는 임플란트예요.

2. 그런 다음 각각의 뒷다리에 튀어나와 있는 꼭지에 단단한 날을 부착하는데, 이것이 발이 되는 것이랍니다. 이를 '외부 삽입장치'라고 해요.

고양이는 발목뼈가 아주 작아서 드릴로 구멍을 뚫거나 임플란트를 할 때 무척 조심해야 했어요. 다행히 수술은 잘 끝났고, 오래지 않아 오스카는 새로운 생체공학 다리 두 개를 달고 신나게 뛰어놀 수 있게 됐어요!

피넛은 주둥이와 가슴에 흰 털이 난 것만 빼면 온통 까만 고양이였어요. 오스카와는 사뭇 다른 경로로 우리 병원에 왔지만, 비슷한 수술을 받았어요. 사람의 돌봄을 받지 않는 길고양이에게서 난 새끼였는데요. 앞발이 다 안쪽으로 구부러진 기형을 가지고 태어나, 발로 걷는다기보다 발목으로 걷다시피 했어요. 떠돌아다니며 사는 어미는 잘 따라오지 못하는 어린 피넛만 남겨둔 채 다른 새끼들을 데리고 떠나 버렸죠. 다행히 이미 여러 마리의 고양이를 기르고 있던 데니스가 보호자가 되기를 자청하고 피넛을 입양한 거예요.

내가 피넛을 만난 건 녀석이 18개월쯤 됐을 때인데, 불편한 몸에도 투사 기질이 다분했어요. 동물들이 얼마나 용감하고 삶의 의지가

122

강한지 매번 놀라는데요. 특히 고통을 겪거나 장애에 가로막힐 때조차 물러서지 않는 모습을 볼 때 더욱 그렇답니다. 피넛은 다른 고양이들처럼 열심히 살았어요. 집 주변을 탐색하고 사냥도 했죠. 하지만 다리 장애로 문제가 생겼어요. 숲이나 바위 위를 뛰어다니다가 발목 관절의 연약한 피부가 찢어지곤 했거든요. 신경 종말이 제대로 발달하지 못해 발을 부딪쳐도 감각을 느끼지 못했던 거예요.

데니스는 매일 **상처에 새 붕대를 감아 줬어요.** 도움을 받지 않고는 걷는 것도 힘들었고, 앞발 피부 조직의 감염 증세도 갈수록 심해져 일상생활을 유지하는 것이 점점 어려워졌어요. 이대로 가다가는 안락사를 피할 수 없을 터였죠. 또 장애로 인해 오랫동안 발목을 무리하게 쓰느라 관절에 합병증까지 앓고 있었어요. 빠른 조치가 필요한 상황이었죠. 앞발을 제거하는 것이 수술의 첫 번째 단계였어요. 그때까지 피넛은 한 번도 앞발을 써 본 적이 없었어요. 그렇기 때문에 앞발을 제거해도 상관없었을 거예요.

내가 피넛과 오스카에게 수술한 임플란트는 **티타늄**이라는 물질로 만든 거예요. 튼튼하면서도 가볍고 몸속에서 부작용을 일으키지 않으며 신체 조직과 잘 결합하는 '생체 적합성' 물질이라 임플란트로 쓰기에 안성맞춤이에요. 티타늄 임플란트는 최근 놀랍게 발전하고 있는 과학기술 분야의 하나인 **3D 프린팅**으로 출력해 사람의 손으로 마무리해요.

게다가 오스카를 수술한 2009년과 피넛을 수술한 2016년 사이에 디자인 기술이 획기적으로 발전했어요. 오스카의 뒷발은 칼날처럼 날카로워 보이지만 피넛의 앞발은 '포고 스틱(용수철 달린 발판 위에 기다란 막대를 세워서 타고 노는 '스카이 콩콩'류 기구)'처럼 생겼어요. 피넛과 오스카 두 녀석 다 아무 일도 없었던 것처럼 지금까지 잘 지내고 있답니다. 생체공학 다리는 한 번 수술하면 닳거나 고장이 나도 새것으로 바꾸기 쉬워요.

벳시와 스케이트보드 바퀴

병원에 있으면, 교통사고로 심각한 부상을 입은 환자들을 많이 만나요. 차도에는 항상 차가 많은데, 특히 고양이는 어두운 밤에 돌아다니기를 좋아하니까요. 물론 개도 사고를 당할 수 있어요. 쌩쌩 달리는 자동차에 겁을 먹은 개가 차도로 뛰어들기도 하거든요.

털이 까만 코카푸 벳시는 아주 어린 나이에 차에 치였고, 오른쪽 앞다리의 신경을 다쳐 부분 마비가 됐어요. 남은 세 다리를 딛고 주위를 뛰어다녔지만, 마비된 다리는 땅에 질질 끌렸죠. 그러다 마비된 다리 아래쪽에 피가 돌지 않아 살이 썩어 들어가는 '괴저'가 생겼지만, 벳시 가족들은 희망의 끈을 놓지 않았어요. 앞다리를 절단하는 것 외엔 방법이 없었어요. 하지만 벳시는 당시 태어난 지 여섯 달밖에 되지 않은 어린 새끼라, 가족들은 다리를 전부 제거해야 하는지 아니면 일부만 잘라내고 인공 다리로 대체해 살아갈 수 있을지 걱정스럽게 물었어요. 피넛과 오스카를 수술한 때와 마찬가지로 내 대답은 "다리를 대체해도 충분히 잘 살 수 있다"였어요!

이때 내가 한 임플란트 수술은 그 이름도 복잡한 '경피적 골

격 고정술'이에요.

핀과 플레이트, 나사를 모두 사용해 뼈를 고정시키는 수술이죠. 그런 다음 이에 외부 고정장치를 부착해요. 우리 병원은 이 기술을 십 년 넘게 계속 발전시켜 왔는데, 최신 디자인 버전의 가장 뛰어난 특징은 피부와 뼈가 덮고 자랄 수 있는 금속망이 있다는 점이에요. 그래서 인공기관이 동물 몸속의 일부가 될 수 있는 것이지요. **몸 안쪽에 삽입하는 것은 관내장치라고 하는데요. 이것은 또 몸 밖에 부착하는 인공기관인 외부 삽입장치와 결합시켜요.**

벳시의 경우, 처음에는 알루미늄 날과 자전거 바퀴 고무로 만든 발을 쓰려고 했어요. 하지만 벳시가 워낙 활동적인 성격이라 고무 발이 금세 닳곤 했죠! 그래서 고무 대신 스케이트보드 바퀴로 만든 발을 달아 줬어요. 이 책의 뒷부분에도 나오지만, 우리는 인공기관을 개발할 때 창의성을 한껏 발휘하거든요.

인공기관과 임플란트 수술은 인간이나 동물 모두에게 새로울 것이 없지만, 그 기술은 끊임없이 진보하고 있어요. 임플란트 수술은 오랫동안 관련 법률에 따라 사람에게 시행하기 전에 동물에게 먼저 시험해 왔어요. 안타깝게도 이 과정에서 동물들이 목숨을 잃기도 했죠. 다행히 지금은 축적된 데이터를 바탕으로 한 컴퓨터 시뮬레이션으로 여러 가지 임플란트를 디자인해 볼 수 있어요. 그러면 미래에는 동물실험을 할 필요가 없어지겠죠.

그럼에도 우리가 할 수 있는 일들이 아직 많이 남아 있어요. 예를 들어 원래는 건강하지만 인간을 위해 실험용으로 이용된 동물들 말고, 정말로 자기 몸에 필요한 임플란트 수술을 받은 동물들을 통해 지식과 정보를 얻을 수 있을 거예요. 나는 사람을 고치는 의사와 수의사들이 그동안 쌓은 지식과 정보, 새롭고 혁신적인 아이디어를 서로 나누길 진심으로 바라요. 그래야 사람이든 동물이든 모든 환자들에게 더 나은 삶을 제공할 수 있을 테니까요.

6장
슈퍼히어로 반려동물들

　나는 환자들의 병을 고칠 인공기관이나 임플란트를 디자인할 때 어린 시절 즐겨 보던 만화책을 다시 들춰 보곤 해요. 악당과 싸우며 사람들을 돕고 세상을 구하는 슈퍼히어로들이 가진 능력과 재능을 살펴보는 거예요. 침대에 기대 시간 가는 줄도 모르고 흠뻑 빠져들었던 이 히어로들은, 내가 병원에서 수많은 '현대판 슈퍼히어로 동물들'을 창조하는 데 도움을 주었어요. 어릴 때는 마블코믹스에 등장하는 울버린이 내 마음을 사로잡았는데, 내골격이 '아다만티움'(이 합금은 울버린의 뼈에 녹아들었다고 하죠)이라는 가상의 금속으로 만들어졌기 때문이에요. 만약 금속으로 골격을 만들 수 있다면, 우리 아버지가 부러진 새끼 양의 다리에 부목으로 쓰던 나뭇가지나 노끈보다 훨씬 튼튼하게 뼈를 고정할 수 있겠다고 생각했어요. 결국 윈스턴이라는 특별한 강아지

에게 울버린의 아다만티움 클로(손톱) 같은 딱 맞는 인공기
관을 선사할 수 있었답니다.

'울버린 강아지' 윈스턴

혼비백산한 보호자가 데려온 윈스턴은 태어난 지 다섯
달 된 어린 새끼였어요. 털이 하얀 스태퍼드셔 불테리어 잡
종으로 꼭 안아 주고 싶을 만큼 귀여운 강아지인데, 상태가
처참하기 짝이 없었어요. 차바퀴에 앞발이 깔려 상처가 깊
었거든요. 앞발 두 개가 다 짓뭉개졌죠.

그동안 이와 비슷한 부상을 입은 환자를 수십 차례나
봤지만, 고통스러워하는 환자나
그들의 보호자를 지켜보는 건 언
제나 힘든 일이었어요. 이런 응
급 상황에서는 침착성과 집중력
을 유지하는 게 중요해요. 쇼크
와 과다출혈로 환자가 죽을 수도
있으니까요. 다른 고려할 점들
도 많고요. 과거에는 이런 환자
가 오면, 수의사들은 고민할 것

도 없이 바로 안락사를 시켰을 거예요. 윈스턴의 경우에도 나 역시 안락사를 떠올렸고 가족들에게도 이를 고려해 보라고 했어요. 〈슈퍼 수의사〉를 찍을 때 나는 있는 그대로의 모습을 보여 주려고 해요. 모든 동물을 살릴 순 없지만, 가능한 많은 동물의 목숨을 구하고 싶죠. 하지만 편안히 죽음을 맞게 도와주는 것이 최선일 때도 있어요.

수의사로 첫발을 내디딜 때 우리는 다음과 같은 서약을 한답니다.

무엇보다 내가 돌보는 동물들의 건강과 행복을 위해 끊임없이 노력하겠습니다.

간단한 약속처럼 보이지만 이는 결코 가벼운 문제가 아니랍니다. '건강'은 무엇이고 '행복'은 또 무엇일까요? 이것은 사람마다 다른 의미로 다가올 거예요. 설령 최첨단 수술을 할 수 있다 해도 동물과 보호자 가족이 겪을 고통이 너무 크다면 그것을 행복이라 할 수 없겠죠. 앞에서 설명한 것처럼 윤리적으로 '옳은 일'이란 사람마다 생각이 다를 수 있어요. 윈스턴의 경우, 보호자 가족들은 힘든 결정을 내려야 했고 수의사들도 무엇이 '최선'인지 의견이 분분했어요.

윈스턴의 처참한 상태를 보고 고통을 덜어 주기 위해

진통제를 놔주면서 처음 들었던 생각은, 앞발을 다시 붙여 놓을 수 있을지 모르겠다는 것이었어요. 피를 너무 많이 흘렸고, 근육과 뼈 손상도 아주 심했거든요. 정말 참혹한 상태였어요. 하지만 아직 어리니 포기하고 싶지 않았어요. 즉 '섣부른 결정'을 내리는 대신 녀석의 앞발을 구할 방법을 찾아보면 나아서 오래오래 살 가능성이 있을지도 모른다고 생각했어요. 만약 윈스턴의 나이가 열두 살이었다면, 나도 생각이 달랐을 거예요. 앞으로 살날이 얼마 남지 않았고 회복도 훨씬 더딜 테니까요. **보통 어린 강아지일수록 다 큰 개보다 빨리 낫거든요.**

하지만 이 수술은 꽤 오래 걸려요. 돈도 중요한 문제인데, 비용도 많이 들고요. 임금을 받는 10~12명의 의료진이 하루 종일 매달리는 수술이니까요. 수술 장비와 도구도 비싸요. 수의사로서 우리의 또 다른 책무는 보호자 가족들에게 솔직해야 한다는 것이에요. 수술을 포함한 모든 치료에 따르는 장점과 단점, 비용, 위험 부담과 잠재적 이득에 대해 사실 그대로 말해 줘야 해요. 어떤 수의사에게 반려동물의 수술을 맡길지 선택권이 있다는 것도 알려 줘야 하죠. 나는 윈스턴의 가족에게 이 모든 걸 알려 준 다음, 윈스턴이 가족들 품 안에서 편안히 눈 감을 수 있도록 안락사를 선택해도 괜찮다고, 절대 그들을 비난하지 않는다는 점도 확실히 밝혔어요.

물론 윈스턴 자신은 이 문제에 대해 아무 말도 못 하지만요. 적어도 사람의 언어로 의사 표현을 하지는 못하죠. 이것은 자기 뜻을 제대로 전달할 수 없는 어린 아기의 부모를 상대하는 소아과 의사도 마찬가지일 거예요. **내 관심사는 항상 동물 그 자체였어요. 동물도 기쁨, 슬픔, 불안, 흥분 같은 감정을 느낄 수 있고, 보호자의 감정에도 반응을 보인답니다.** 이것을 가리켜 '감응 능력'이라고 해요.

윈스턴은 우리가 의논하는 내용의 일부라도 알아들었을까요? 자신이 입은 부상이 얼마나 심각한지 조금이라도 이해했을까요? 아니면 극심한 고통 속에서 혼란을 느낄 뿐이었을까요? 우리 모두 살고 싶은 본능이 있듯, 이 어린 강아지 눈빛에서도 그런 욕망을 분명히 읽을 수 있었어요. 물론 안락사를 선택하는 수의사들도 있겠죠. 나는 그들의 선택에 대해서도 존중한답니다.

윈스턴의 가족은 마침내 녀석의 생명을 살리고 싶다고 결정했어요. 우리는 수술 비용을 충당하기 위해 기부금도 모았어요. 치료의 첫 단계는 윈스턴이 최대한 안정을 찾게 해 주고 남은 뼈 구조를 보존하고 감염되지 않게 조심하는 것이었어요. 나는 좀 더 큰 뼈에 핀을 고정하고 더 작은 뼈에는 바깥에서부터 철사를 고정시켜, 손상된 뼈 위아래에 외부 고정기를 설치했어요. 앞발을 지지하기 위해 앞다리에 각각 금속 프레임을 대고 핀과 철사를 연결한 거예요. 감염 예방 조치도 했어요. 보통 동물의 발에는 뼈가 있지만, 윈스턴은 한쪽 앞발의 **손허리뼈**(중수골)가 잘려 나갔어요. 이 뼈는 다시는 저절로 자라지 않을 거예요. 그걸로도 모자라 양쪽 손목뼈마저 날아가고 없었죠. 발가락에 남은 조직만으로는 체중을 지탱할 수 없어 보행에도 문제가 있었고요.

막다른 길에 다다른 것 같았어요. 지금으로서는 어떤 치료도 결과를 장담할 수 없었어요. 나는 전에도 그랬듯이 사람을 대상으로 한 의학계에서 힌트를 찾았어요. 특히 가브릴 아브라모비치 일리자로프라는 러시아 외과의사가 개발한 수술을 참고했어요. 그는 제2차 세계대전이 끝나고 부상 당한 병사들을 수술했는데, 철사(처음에는 자전거 바큇살로 만들었대요)로 금속 고리를 만들어 손상된 뼈에 일정한 간격으로 부착했어요. 고리는 손상된 부위 위아래에 끼웠어요. 그러면 부러진 뼈에서 '골진'이 나오면서 고리의 중심에서 새로운 뼈가 만들어져요. 이는 마치 기다란 케이블이 뻗어 있는 교량(다리)처럼 뼛조각을 연장하는 원리예요. 일리자로프는 이렇게 특정한 방법으로 철사 고리 각각을 움직여 보며 실제로 뼈를 자라게 하는 치료법을 개발했는데, 이를 '골 형성술'이라고 한답니다.

윈스턴의 경우, 한쪽 앞발의 뼈가 너무 많이 잘려 나가고 손목뼈는 두 쪽 모두 대량 손실돼 수술이 까다로웠어요. 울버린은 '클로(손톱)'에서 기다란 금속 갈퀴 세 개가 튀어나와요. 나는 그런 갈퀴를 이용해 윈스턴 오른쪽 앞발에 손허리뼈를 만들어 주는 방법을 생각해 봤어요. 하지만 손허리뼈에 딱 맞는 모양과 크기의 새 뼈를 어디서 구할지 고민이었어요. 그러다 '유레카!' 하고 무릎을 탁 쳤답니다!

윈스턴에게는 기다랗고 멋진 꼬리가 있었어요. 그 꼬리를 절개하고 **등골뼈**(꼬리를 이루는 작은 척추뼈)를 채취해 앞발 안에 삽입한 금속 갈퀴와 나란히 포개 놓으면 되겠다고 생각한 거예요. 이 등골뼈는 발에 네 개의 손허리뼈를 다시 만들어 넣는 데 딱 맞는 모양과 크기, 길이였죠.

등골뼈들을 맞는 자리에 넣어 다리뼈가 다시 자라도록 해야 했어요. 이때 다시 한번 일리자로프 박사의 기술을 참고했어요! 내가 한 수술 과정은 다음과 같아요.

1. 윈스턴의 오른쪽 앞발에 삽입하는 금속 갈퀴 네 개에 맞게 꼬리의 등골뼈 끝을 맞춰 나란히 놓아요.

2. 그런 다음 알루미늄 고리를 이 용해 원형의 금속 프레임을 만 들어요. 이때 짝을 이뤄 달리는 자전거 바퀴 두 개처럼 뼈는 중심을 삼고, 갈퀴는 뼈를 관 통하는 바큇살로 삼아요. 이 두 개의 고리를 앞발 바깥쪽 에 댄 막대의 나사 부분에 걸고 연결해요.

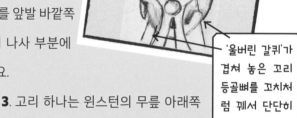

'울버린 갈퀴'가 겹쳐 놓은 꼬리 등골뼈를 꼬치처 럼 꿰서 단단히 고정한답니다.

3. 고리 하나는 윈스턴의 무릎 아래쪽 에, 나머지 고리 하나는 발가락 쪽 에 부착해요. 꼬리 등골뼈로 맞춰 놓은 금 속 갈퀴를 향해 딱 맞는 각도로 부착해야 하죠.

4. 두 개의 고리 바퀴는 서로 간격을 좁혔 다 늘렸다 하며, 하루에 몇 번 아주 조 금씩 움직여요. 이때 고리가 연결된 막 대 홈에 확대 망원경처럼 생긴 기구

를 대고 보면서 움직여 준답니다. 이렇게 하면 이식된 꼬리 등골뼈에 혈액 공급이 잘 되어 새 뼈가 잘 만들어져요!

5. 이번에는 윈스턴의 골반에서 작은 뼛조각을 채취해 다리를 더 튼튼하게 만들 거예요.

6. 손목뼈를 덮고 있는 연골 조직을 드릴로 남김없이 걷어 내요.

7. 드러난 손목뼈 전부를 손허리뼈들과 아래쪽 다리를 이루는 두 개의 뼈인 노뼈, 자뼈와 결합해요. 이때 골반에서 채취한 골수(뼛속을 채우는 부드러운 조직)가 든 뼈를 이용하죠. 놀랍게도 골수 세포는 새 뼈 안에서 자랄 수 있어요. 그런데 이것이 끝이 아니에요! 골수 세포는 뼈 주위에 있는 세포들이 자라서 새 뼈를 만들도록 스캐폴딩(정형외과에서 쓰는 중첩 지지대) 역할을 해 줘요. 마치 덩굴 식물이 타고 올라갈 수 있게 벽에 붙여 놓는 격자 구조물처럼 말이죠.

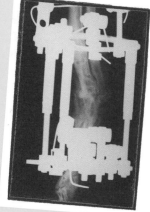

8. 왼쪽 손목과 발에는 더 간단한 프레임을 썼어요. 손목과 골수를 단단히 결합하는 정도로만요. 마침내 윈스턴은 두 개의 프레임을 이용해 걸어 다니며 '생물학적 기적'을 쓰게 됐어요.

하지만 뼈가 자라도록 하는 사이 꼭 풀어야 할 숙제가 있었어요. 앞발의 뼈만 문제가 아니라, 앞발 하나에서 피부와 힘줄이 계속 찢어지지 뭐예요! 다시 한번 창의적인 해결책이 필요했어요. 다음과 같이 말이에요.

1. 이식한 꼬리 등골뼈가 단단한 손허리뼈들로 자라도록 오른쪽 앞발의 외부 프레임을 다시 손봐 줘요. 그리고 정확한 각도를 재서 이 새로운 금속 프레임에 길이를 늘일 수 있는 다른 막대를 부착해요.

2. 그런 다음 이 막대들 끝에 둥글게 구부러진 아치를 연결해요. 이것은 마치 굵은 나일론 낚싯줄의 닻과 같은 기능을 하죠. 피부 가장자리에서부터 아치 사이를 나일론실로 꿰매요. 플라스틱 튜브가 아치를 감싸고 있어서 연약한 피부가 찢어지진 않을 거예요.

3. 매일 이 막대들을 아주 조금씩만 늘려 주면, 나일론 낚싯줄의 닻 덕분에 피부 가장자리가 천천히 늘어나면서 벌어진 틈도 닫히게 되죠. 이불을 침대 위로 천천히 끌어당겨 올리듯 말이에요. 또 특수 젤을 듬뿍 발라 피부 조직 아래가 수분을 잃지 않게 해 줘요.

> 나일론 낚싯줄은 플라스틱 튜브를 이용해 피부 가장자리에 고정해요. 막대를 늘이면 피부도 이불처럼 서서히 늘어나게 된답니다.

어떤 수술이든 실패할 위험이 도사리고 있어요. 나도 수술하면서 실패를 많이 경험했고요. 안타깝지만 어려운 과제를 해결하기 위해 무언가 혁신해 보려고 할 때, 계획대로 되지 않으면 사람들의 비난을 받는 것도 현실이에요. 본래 사람들의 습성이 그렇거든요.

나는 윈스턴의 가족들에게 치료가 잘 안 될 수도 있다고 처음부터 솔직히 말해 왔어요. 다행히 이식한 뼈와 골수가 잘 자라서 새로운 앞발 뼈가 만들어졌고 양쪽 손목뼈도 잘 아물었어요. 모두가, 특히 윈스턴이 이루 말할 수 없  이 기뻐했어요. 다 나을 때까진 갈 길이 멀지만, 윈스턴은 만화책에 등장하는 울버린처럼, 놀라운 자가 치유 능력으로 날마다 더 튼튼해졌어요. 윈스턴을 밖으로 데리고 나간 어느 날 우리는 녀석이 병원 잔디밭을 신나게 달리는 모습을 지켜봤어요. 우리의 결정이 옳았다는 걸 새삼 확인할 수 있었죠. 이후 윈스턴은 오래도록 행복한 삶을 누렸어요. 비록 꼬리를 잃었지만, 힘든 수술을 이겨 낸 윈스턴의 영웅담은 길이 남았죠!

윈스턴은 내가 개발한 '울버린 수술'을 받은 첫 번째 환자였어요. 이후로도 수년에 걸쳐 윈스턴과 비슷한 처지에 놓인 환자들을 여럿 수술하면서 기술을 더욱 연마할 수 있었어요.

기적의 밀리

윈스턴을 수술하고 십 년쯤 지났을 때 밀리가 나를 찾아왔어요. 밀리는 활기가 넘치는, 아주 특별한 검정 래브라도 새끼 강아지였어요. 십 대 소녀 제스의 단짝 친구였고요. 제스와 밀리를 보노라면 내가 어릴 때 키우던 피라테가 떠올랐어요. 제스도 어린 시절의 나와 같은 어려움을 겪고 있었고, 밀리가 그런 제스에게 따뜻한 안식처가 돼 주고 있었거든요. 나는 어떤 반려동물과 사람은 함께할 운명을 갖고 태어난다고 생각했어요. 바로 이 둘이 살아 있는 증거였죠.

제스는 원래 동물을 좋아했어요. 어릴 땐 고양이, 햄스터, 토끼,

닭을 키웠어요. 하지만 밀리는 제스의 삶을 통틀어 가장 사랑하는 동물이었어요. 밀리의 앞발에 문제가 있다는 걸 처음 눈치챈 사람도 제스였어요. 밀리가 다니던 동물병원 수의사는 양쪽 앞발의 발목 관절에 심각한 퇴행성 질환이 생겼다고 설명해 줬어요. **'발허리발가락뼈관절**(중족지관절)'이라는 부위였죠. 그러니까 발가락들이 발목 관절에서 분리돼 따로 움직이고 있는 것이었어요. 때문에 발허리뼈(윈스턴으로 치면, 손목과 손가락들 사이에 있는 손허리뼈였죠)가 망치처럼 강아지 발바닥 볼록살을 짓눌러 피부가 갈라지고 심한 감염이 일어났어요. 밀리에게 **발을 보호하는 장화도 여러 개 신겨 봤지만, 소용없었어요.**

제스의 어머니는 밀리의 고통을 덜어 주려면 안락사를 시키라는 충고도 들은 터라, 지푸라기라도 잡는 심정으로 우리를 찾아왔던 거예요.

나는 윈스턴과 마찬가지로 이번에도 '울버린 수술'이 밀리를 구할 수 있다고 생각했어요. 다만 이번에는 좀 더 발전된 기술이 추가됐죠.

1. 먼저 드릴을 뚫어 남은 연골을 걷어 내고, 울버린의 금속 갈

퀴처럼 철사로 발가락 관절을 단단하게 고정했어요.

2. 윈스턴의 손목 관절을 수술할 때처럼 (이번에는 어깨 근처에서) 골수를 채취해 관절뼈들을 단단하게 결합했어요.

3. 발가락이 너무 약해져 못 걷는 밀리를 위해 알루미늄 고리가 있는 외부 고정기 중첩 지지대(스캐폴딩)를 만들었어요. 그런 다음 윈스턴에게 했던 것처럼, 발밑에 말발굽에 다는 편자 같은 아치를 대서 그 위를 걸을 수 있게 했어요.

4. 금속 막대에 모두 고리를 걸고 노뼈와 자뼈에 핀을 박은 다음, 양 발목을 임시로 교각처럼 이었어요. 기존보다 업그레이드된 형태의 프레임으로, 나는 이것을 'PAWS'라고 이름 지었어요. 여러분은 앞에서(13쪽) 이미 엑스레이 사진에 나타난 이 새로운 프레임 이미지를 봤을 거예요. 여기, CT 스캔 이미지도 참고하세요.

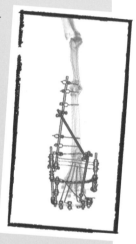

수술은 성공적으로 끝났어요! 윈스턴처럼 밀리도 다 낫기까지 오랜 시간이 걸렸지만, 항상 제스가 곁에 있어 줘서 놀라운 회복세를 보였어요. 크리스마스 전에 지지대도

다 벗었는데, 생애 최고의 선물이었을 거예요. 밀리에게 크리스마스의 기적이 일어난 것이랍니다.

슈퍼히어로에게 새 뼈를

독일 셰퍼드 히어로는 태어난 지 겨우 넉 달 된 새끼였어요. 공원에서 친구들과 노는 걸 좋아하지만 자기가 어디로 가는지도 못 보는 강아지였죠. 그러다가 달리는 자전거에 치이고 말았어요. 히어로가 왼쪽 앞다리를 절뚝였지만, 가족들은 처음에 이를 크게 걱정하지 않았어요. 멍이 들거나 다리를 삐었겠거니 할 뿐이었죠. 하지만 히어로는 계속 다리를 절었어요. 사실 상태가 더 나빠져 다리에 힘을 전혀 실으려 하지 않을 정도였어요. 왼쪽 다리가 곡선이 보일 정도로 휘고 오른쪽 다리보다 길이도 짧아졌죠. 앞발은 바깥을 향해 꺾이기 시작했어요. **가족들은 시름이 깊어졌어요. 그동안 히어로가 주는 사랑과 기쁨으로 힘든 시기도 지나올 수 있었으니까요.** 그들은 이 새끼 강아지가 자신들의 '영웅'이라고 말했어요. (그래서 이름도 '히어로'라고 지었다고 했죠!)

우리 병원에서 엑스레이 사진과 CT 스캔을 찍은 결과, 전완골에 있는 두 개의 뼈인 노뼈와 자뼈 끄트머리에 있는 '성장판'을 다쳤다는 걸 알게 됐어요. 성장판이란 말 그대로 어린이나 새끼 동물이 '성장'함에 따라 뼈로 바뀌는 연골 세포층을 말해요. 기다란 뼈끝에 있는 부위죠. 하지만 히어로는 양쪽 전완골이 같은 속도로 자라지 않아 한쪽 다리가 휘게 된 거예요. 더 짧은 자뼈가 '줄'이 되고, 휜 노뼈의 곡선이 '활'이 되는 것 같다고 해서 이를 '활시위 효과'라고 해요.

히어로에게 더 큰 문제는 노뼈 아래쪽에 있는 성장판이 원래 자라야 할 만큼 빨리 자라지 않는다는 것이었어요. 처음 히어로를 봤을 때 왼쪽 앞다리가 오른쪽 앞다리보다 4센티미터 짧았는데, 오른쪽 다리는 계속 자라고 있으니 하루가 다르게 상황이 나빠지고 있는 셈이었어요.

선택지는 두 가지였어요. 히어로를 이 상태 그대로 두거나 이 상황을 바꾸는 것. 그대로 두면 짧고 기형이 생긴 다리로 체중을 감당할 수 없을 테니 결국 왼쪽 앞다리 전체를 절단하고 좀 더 긴 의족을 만들어 줘야 하죠.

굽은 다리를 펴 주는 건 내가 늘 하는 일이었어요. 요즘은 환자별 맞춤 절단과 특수 플레이트 디자인도 컴퓨터로 다 할 수 있어요. 실제로 뼈를 늘려 주는 것도 가능해요. 특정한 방법으로 뼈를 절단하고 자른 반대쪽 끄트머리를 천천히 잡아당기는 거죠. 적절한 속도로 충분한 시간을 들여 이렇게 해 주면, 새로운 골세포가 뼈 틈 사이에서 자라게 된답니다. 바로 '신연골형성'이라고 하는 뼈연장 수술이에요. '당겨서 뼈를 형성'하는 수술로, 앞에서 말한 일리자로프 박사가 처음 개발했어요.

그럼, 다시 정리해 볼까요. 내가 히어로를 수술한 과정은 다음과 같아요.

1. 노뼈와 자뼈라는 두 개의 앞다리 뼈를 절단해요.

2. 윈스턴과 밀리에게 했던 것처럼, 다리뼈 위쪽과 아래쪽 두

군데에 알루미늄 고리를 박고 미니어처 자전거 바큇살 같은 철사를 사용해 뼈 가운데와 연결해요.

3. 노뼈와 자뼈가 다시 곧게 펴지도록 위쪽과 아래쪽 고리를 돌려요. 그러고 나서, 윈스턴 수술 때처럼 나사 홈이 나 있는 금속 막대 세 개를 뼈에 대줍니다.

4. 과연 뼈가 자랄 것인지, 어려운 과제가 남아 있어요. 바로 이 부분이 뼈 연장술이라는 생물학적 기적이 실제로 일어나는 영역이에요. 윈스턴의 경우처럼, 나사 홈 막대는 각각 길이를 늘일 수 있는 확대 망원경 같은 도구로 조작하는데, 이 도구에 달린 다이얼을 돌리면 한 번에 금속 막대를 0.5~0.25밀리미터 정도 늘릴 수 있어요. 그런 식으로 뼈를 조금씩, 천천히 잡아당기는 거죠.

5. 이 과정을 하루에 네 번 반복해요. 뼈의 간격이 넓어질수록 '조골세포'라고 하는 골세포가 자극을 받아 새로운 뼈를 형성하게 되죠.

6. 이 모습을 엑스레이로 찍으면 하늘에 길게 뻗은 흰 구름처럼 보이는데, 이렇게 자라는 골세포가 차츰 단단한 뼈로 바뀐답니다. 매일 물리치료를 병행하면

뼈와 함께 근육과 힘줄도 곧게 늘어나게 돼요.

넉 달간 치료를 모두 마친 히어로는 다시 천방지축 뛰어다니는 강아지로 돌아왔어요. 달리는 자전거를 피하는 요령도 깨우쳤고요. **애초에 '자전거 바퀴'에 치여 곤욕을 치른 히어로가 결국은 미니어처 자전거 바큇살을 장착한 지지대를 통해 고통에서 해방됐다는 사실이 신기할 따름이죠.**

캡틴 아메리카를 구조대로

울버린의 무기가 날카로운 아다만티움 손톱이라면 **캡틴 아메리카의 상징이자 무기는 절대 깨지지 않는 '비브라늄' 방패일 거예요.** 하지만 슈퍼히어로만 이런 방패가 필요한 건 아니겠죠. 동물들도 막강한 방패가 필요하답니다! 척추에 문제가 있었던 개 로저를 소개할게요.

도베르만은 척추에 이상이 쉽게 생기는 견종 중 하나예요. 충성스럽고, 강인하고 똑똑한 도베르만은 무섭게 생긴 외모 때문에 경비견으로 키우곤 해요. 하지만 덩치는 커도 온순한 성격으로 사람과 잘 어울리죠.

나를 찾아온 로저는 일곱 살 난 도베르만이었어요. 한창 활달할 나이인데, 보호자는 로저가 잘 걷지 못하고 뒷다리를 비틀거린다는 걸 눈치챘어요. '**워블러 병**'이었어요. 이 병에 걸린 동물들은 가만히 있지 못하고 다리를 덜덜 떨기 때문에 붙여진 병명이에요('워블Wobble'은 '떤다'라는 뜻이에요). 목 부위의 척수가 눌려서 생기는 증상이죠. 로저는 유전적 이유로 척추에서 디스크 두 개가 튀어나와, 척추관 안에 있는 척수를 짓눌렀어요. 이 때문에 뇌에서 보내는 신호가 척수를 거쳐 로저의 뒷다리까지 제대로 전달되지 않는 거예요. 이렇게 돌출된 디스크는 신경을 자극해 통증을 일으켜요. 신경은 앞다리 등 여러 신체 부위에 각각 뇌의 명령을 전달하기 위해서 척수로부터 뻗어 나온 조직이에요. 의학 용어로는 이 병을 '디스크 관련 워블러 증후군(Disc-Associated Wobbler Syndrome)', 줄여서 'DAWS'라고 해요.

이 병을 고치는 방법은 몇 가지가

있는데, 그중에서 환자의 상태와 위험 부담을 고려해 가장 적절한 방법을 선택하죠. 예를 들면, 튀어나온 디스크를 제거하고 단단한 플레이트로 대체한 다음 등골뼈와 단단히 접합시키는 방법이 있어요. 하지만 로저는 돌출된 디스크 두 개가 나란히 위치하고 있었어요. 디스크 두 개를 같이 들어내기가 까다로울 뿐 아니라, 로저의 경우 등골뼈를 접합시키다가 자칫 옆에 있는 다른 디스크를 건드릴 가능성이 있었어요. 그래서 가족들은 디스크 두 개를 한 번에 대체하는 방법을 택했어요.

나는 지난 몇 년간 새로운 인공 디스크를 개발하면서, 자연스러운 진화의 모습을 따라하려고 노력해 왔어요. 로저에게 사용한 최신 모델은 자연뿐 아니라 캡틴 아메리카의 방패에서 영감을 얻어 만든 것이었죠.

이 '피츠-디스크'(맞아요, 내 성을 딴 이름이에요)라는 인공 디스크는 목을 앞뒤, 양옆으로 자유롭게 움직일 수 있게 만든 것인데, 다음 두 부분으로 이뤄졌어요.

1. '코발트 크롬'이라는 광택 나는 금속으로 만든 돔 부분. 뒤쪽에는 뼈가 자랄 수 있는 벌집 모양 티타늄 망을 덧댔어요.

이것을 등골뼈 하나에 나사로 고정하는데, 꼭 캡틴 아메리카의 방패처럼 생겼어요.

2. 고밀도 플라스틱으로 만든 얇은 접시 부분. 여기에도 뼈가 자랄 수 있는 망이 있어요. 이것을 옆에 있는 등골뼈에 고정해요. 이 접시의 곡선은 돔의 곡선과 꼭 일치해요.

돔과 접시, 이 두 부분이 서로 조금씩 유연하게 미끄러지며 들어가요. 어디서도 비브라늄을 찾을 수 없어 아쉽지만(만화책에 나오는 가상의 물질이니까요), 이 인공 디스크는 닳지도 않을뿐더러 로저가 고통 없이 언제까지나 행복하게 뛰어다닐 수 있게 돼 만족스러웠어요.

척추

척추는 생명 유지에 아주 중요한 역할을 해요. 척추골(등골뼈)이라는 뼈들이 길게 이어진 부위랍니다. 척추를 기차에 비유한다면 척추골은 객차 한 대 한 대라고 할 수 있죠.

척추골 사이마다 연골로 이루어진 조직인 디스크가 있어요. 각각의 디스크는 잼이 들어간 도넛 같아서, 가운

데는 잼처럼 '수핵'이 있고 이 주위를 연골 조직이 밀도 있게 고리처럼 두르고 있어요. 객차와 객차 사이를 연결하는 부위가 디스크인 셈이죠. 그래서 객차끼리 추돌할 때 충격을 흡수하는 관절 역할을 해요. 척추가 어떤 방향으로 구부러지더라도 보호해 주죠.

척추는 아주 중요한 기관이에요. 섬세한 신경조직인 척수가 목부터 엉덩이까지 촘촘히 이어지는 척추골을 지나가기 때문이죠. 척수는 뇌가 내리는 명령을 신체 각 부위로 전달하는 신경 회로 같은 곳이에요. 사지에 감각을 느끼고 손발을 움직이는 등 우리 몸이 운동을 하는 것도, (감각 정보를 뇌에 전달하거나 뇌의 운동 명령을 근육에 전달하는) 척수의 기능 덕분이에요.

신경-정형외과에서 일하는 나는 이런 척추에 이상이 있는 환자를 자주 본답니다. 등뼈를 가진 포유류, 조류, 어류, 파충류, 양서류가 바로 척추동물에 속해요.

척추가 손상되면 온갖 고통스러운 문제를 일으켜요. 특히 신경전달 체계를 방해하죠. 척추 손상은 사고로 인한 파열이나 자연적인 마모로 일어나기도 하지만, 선천적으로 결함을 가지고 태어나 시간이 흐르면서 발현되기도 하는데 이를 '발육이상'이라고 해요.

늑대 같은 야생 개과 동물은 자연 수명이 평균 여덟 살 정도 되는데, 부상이나 험한 서식 환경, 먹이 부족 시기 등의 이유로 그 이상을 넘기기 어려워요.

하지만 사람과 함께 사는 반려동물들은 상대적으로 예방접종, 영양가 있는 사료, 따뜻한 잠자리가 있는 안락한 삶을 누리고 있죠. 덕분에 반려견이 십오 년 혹은 그 이상 사는 것이 낯설지 않아요. 그러다 보니 노견의 경우, 관절과 디스크가 약해지거나 다른 문제가 나타나기 일쑤죠. 이것은 사람들이 특정한 크기나 생김새를 가진 개를 얻기 위해 품종을 개량하거나 교배시킨 것 때문에 생긴 문제는 아니에요. 특정 견종에게 더 자주 나타나는 문제가 있거든요. 예를 들면 디스크 파열로 수핵이 터져 나와 척수가 짓눌리거나 손상된 어린 닥스훈트 강아지를 종종 볼 수 있어요(수핵은 도넛 속의 '잼' 같은 것이라고 할 수 있어요). 프렌치 불도그도 척추 변형이 잘 일어난답니다.

아이버와 스파이더맨의 거미줄

귀여운 여덟 살짜리 메인쿤 고양이 아이버는 자동차에

치여 뒷다리 하나를 절단했어요. 여러분도 알다시피, 개와 고양이는 세 발로도 잘 지내긴 하죠. 그러나 안타깝게도 다른 발목마저(이제 여러분도 정강이뼈와 목말뼈 그리고 발꿈치뼈 사이에 있는 관절이 고양이 발목이라는 걸 알겠죠) 이 사고로 크게 다친 거예요.

목말뼈가 부서지고 관절이 박테리아에 감염돼 뼈에 점점 더 번지기 시작하면서 발목이 완전히 주저앉았어요. 오스카 이야기에서 말한 것처럼, 고양이는 발목과 발바닥을 땅에 대지 않고 발끝으로 서요. 그래서 높이 뛰어오를 수 있는 거예요. 하지만 아이버는 하나뿐인 뒷다리에 발목까지 망가지자 몸을 질질 끌며 움직일 수밖에 없었어요. 통증도 매우 심했고요.

아이버가 내게 왔을 때 세 가지 문제가 있었던 거예요. 망가진 발목, 뼈 손실, 감염이었죠. 나는 우선 발목 관절에서 감염된 조직을 긁어내고, 그 자리에 항생제를 함유한 분해성 구슬을 채워 넣었어요. 그런 다음 윈스턴에게 해 준 것처럼, 외부 고정기와 연결한 작은 뼈들 사이로 철사를 이용해 아래쪽 다리와 발을 지지했어요.

정말 놀라운 부분은 이제부터예요. 감염 증상이 좀 나아지자, 나는 아이버의 배에서 지방 덩어리를 조금 떼어냈어요. 그리고 실험실에 갖고 가, 지방 조직에서 혈관주위세포(지방의 혈관 주위에 있는 작은 세포들)를 분리해 낸 뒤 이 세포로부터 아주 특별한 줄기세포를 배양했어요. 세포가 잘 자라도록 영양분을 공급하는 특수 배양물질도 이용했죠. 이렇게 배양한 세포는 '골 형성' 줄기세포로 분화해 실제로 몸 속에서 **뼈를 만들 수 있죠!**

재미있게도, 내가 어릴 때 좋아한 슈퍼히어로로 스파이더맨을 떠올린 것이랍니다. 스파이더맨은 손에서 뻗어 나오는 거미줄로 어떤 것이든 감쌀 수 있죠. 나와 내 동료들은 다음과 같이 창의성을 발휘했어요.

1. 발목 관절의 감염된 조직을 긁어낸 구멍에 딱 맞는 모양으로 티타늄 재질의 망을 만들어요. 이 망은 스파이더맨의 거미줄을 보고 생각해 냈어요.
2. 줄기세포를 스파이더맨의 끈적거리는 거미줄 같은 티타늄 망에 이식해요.
3. 아이버가 편안하게 서 있을 때 나오는 각도에 맞춰 플레이트를 제작하고 위의 망을 고정해요.
4. 나머지는 아이버의 몸이 일하는 거예요. 티타늄 망에 이식된 줄기세포가 뼈가 되고, 구멍 난 관절을 채우는 거죠.

슈퍼히어로의 비밀병기에서 착안한 '티타늄 망 줄기세포 기술' 덕분에 발목을 고친 아이버는 다시 세 다리로 폴짝폴짝 뛰어다니며 짓궂은 장난을 즐겼답니다.

나는 지금도 만화책을 즐겨 읽으며, 나를 찾아오는 동물 환자들을 돕는 기술을 개발하는 데 참고하고 있어요. 여러분도 책, 영화, 텔레비전 프로그램, 만화책, 운동 등 정말로 좋아하는 것이 있다면 영감의 원천으로 삼아 보세요. 그게 무엇이든 간에, 단순한 취미를 넘어 세상에 도움이 되는 기술로 바꿀 아이디어를 얻을 수 있을 거예요.

7장

때로는 단순한 것이 최고!

　만화책은 내 일에 많은 영감을 주지만, 이것 말고도 매일 같이 창의성에 불을 지펴 주는 것이 많답니다. **때로는 단순한 해결책이 최선일 때가 있어요. 그리고 그 해결책은 바로 여러분 눈앞에 놓여 있을 거예요!** 7장에서는 여러분을 둘러싼 세상이 얼마나 신기한 아이디어로 가득한지 보여 줄게요. 그 경이로운 세상에 눈을 뜰 마음만 있으면 반드시 보이는 아이디어들 말이에요.

　최신 영상 진단 기술들을 활용하면 동물 환자들의 몸속에 무슨 문제가 있는지 볼 수 있어요. 나는 환자에게 정확히 어떤 문제가 있는지 보호자들에게 보여 주려고 애니메이션과 컴퓨터 시뮬레이션 기술을 활용해요. 그런 다음 내 진료실에 스크린을 띄워 놓고 수술 계획을 보여 준답니다. 동료들에게도 같은 방법으로 설명해 주고요.

임플란트와 인공기관 기술의 발전 덕분에 환자 몸에 딱 맞는 플레이트와 나사, 교정기, 3D 기술로 출력한 관절 대체물을 갖출 수 있게 됐어요. 수술 난이도에 따라 며칠 또는 몇 주 안에 이 모든 걸 준비해 수술팀에 미리 전달할 수 있죠. 우리는 새로운 인공기관도 꽤 자주 개발하는 편이어서 어려운 과제들을 계속 해결해 나가고 있답니다.

그렇다고 항상 고도의 기술이 필요한 건 아니에요. 외과수술은 정확성과 안정적인 손기술이 있어야 하는데, 특히 소형 동물을 수술할 때 그렇죠. 한편으로는 꽤 거친 일이기도 해요. 힘줄을 자르고, 피를 빼내고, 드릴로 뼈에 구멍을 뚫으니까요. **때로는 외과의사의 일이 땅바닥에 누워 자동차를 수리하는 정비공 같다는 생각도 들어요.** 동물의 뼈를 '수리'하는 것이 다를 뿐이죠.

나는 발리핀의 시골 마을에서 손에 잡히는 도구로 무엇이든 뚝딱뚝딱 고치는 아버지를 보며 자랐어요. 수의사를 부르는 비용이 비싸서 웬만한 건 전부 아버지 스스로 해결하셨어요. 물론 선조들부터 전해 내려오는 검증된 방법이었지만요.

아버지는 무엇이든 쟁여 두는 사람이었어요. 물건을 좀처럼 버리지 않는다는 뜻이에요. 지금도 잊을 수 없는 기억이 있어요. 아버지는 바지춤에 허리띠 대신 노끈을 두르고 다니셨는데, 노끈이 끊어지자 그걸 말뚝에 묶고 대문 잠그는 데 이용하셨어요. 나도 아버지를 닮아, 물건을 함부로 버리지 않아요. 아무리 작은 물건이라도 언젠가 쓸 데가 있을 거란 생각이 박혀 있어서 말이죠.

내 진료실에 들어오면 맨바닥을 볼 수 없을 거예요. 여기저기 잡동사니가 잔뜩 널려 있거든요. 진료실 한편에 내가 '나니아'라고 부르는 진열장이 있는데, C. S. 루이스가 쓴 판타지 소설 『나니아 연대기: 사자, 마녀 그리고 옷장』에서 딴 이름이에요. 이 진열장 안에는 없는 게 없어요. 책장이나 책상 위에 물건을 놓을 데가 마땅치 않으면 몽땅 나니아 안에 집어넣거든요. 심지어 수술하다가도 꼭 필요한 수술 도구가 안 보이면 나니아에 가서 찾아올 정도랍니다.

양치기 개를 위한 부목

아일랜드에서 신참 농장 수의사로 일하던 당시, 도저히 못할 것 같은 일도 기어이 해내야 할 때가 종종 있었어요. 한번은 유선염(젖몸살)을 앓는 암소를 치료하러 늙수그레한 농부 래리 아저씨 댁을 방문했어요. 유선염은 유방(암소 배에 자루같이 달려 있는 젖통)이 감염돼 퉁퉁 붓고 아픈 질환이에요. 1장에서 소개한 양처럼, 이 유방 젖꼭지에서 우유가 나와요. 내가 암소를 치료하는 사이, 래리 아저씨가 자신의 양치기 개도 다쳤다고 말했어요. **사나운 소 발길에 차인 후 아파서 다리를 절뚝거리며 돌아다닌다고요.** 나는 상처 부위를 보고 바로 넓적다리뼈(대퇴골)가 부러졌다고 진단을 내렸어요. 골절치료 도구를 하나도 안 갖고 왔다고 아무리 설명해도, 래리 아저씨는 당장 고쳐 달라며 막무가내로 고집을 부렸죠.

나는 제1차 세계대전 때 다리가 부러진 군인들이 쓰던 '신장(늘림) 부목'을 떠올렸어요. 부러진 다리에 금속 지지대를 대고 사타구니 부근에서 둥글게 끈을 매 주는 부목인데, 뼈가 아물면서 다리가 다시 곧게 붙어요. 나는 래리 아저씨의 부엌 식탁 위에서, 아저씨가 가져온 나뭇가지와 튼튼한 끈, 내

차 트렁크에서 꺼내 온 붕대를 가지고 곧장 부목을 대 주기 시작했어요.

몇 년 뒤 내 발목 수술을 받을 때도 **이와 비슷한 부목을 직접 만들어 쓰기도 했어요.** 이 부목 덕분에 계속 서서 동물 환자들을 수술할 수 있었어요. 물론 내 주치의는 쉬라고 했지만요(앞에서 말했듯이 나는 **청개구리** 환자니까요!). 엉덩이 부위에 어린이용 좌변기 의자를 대고, 나니아에서 꺼내 온 철사로 다리를 지지해 주는 장치를 만들고, 낡은 조깅화를 달아 발에 신을 수 있게 만든 다용도 부목이었죠. 겉보기엔 우스꽝스러웠겠지만 '**단순한 것이 최선이다, 효과만 있다면**'이라는 내 신념에 잘 들어맞는 부목이었어요. 내 환자들도 수술 부위에 털을 반쯤 밀어 버리거나 알록달록한 색깔의 붕대나 신발을 신기도 하지만, 불평하지 않는걸요. 그 모습 그대로 받아들이고 살죠. 나도 그렇게 했어요.

내 이야기는 이쯤 해 두고 다른 용감한 동물 환자들을 더 만나 보기로 해요.

단추 달기

나는 단추를 절대 버리지 않아요. 나니
아 안에 단추만 모아 둔 접시도 있어요. 단순
한 것이 최선이라고 했잖아요!

아일랜드 어느 농장에서 소 등을 꿰맬 때였어요. 벌어
진 피부 양쪽을 봉합해야 해서 그 가족들에게 남는 단추가
있는지 물어봤어요. 윈스턴을 수술할 때 고무 튜브를 이용
한 것처럼, 단추로 피부를 찢지 않고 실을 고정하려고 했거
든요. **농부의 아내가 별말 없이 남편 외투에서 크고 멋진 검은
단추를 뜯어 줬어요. 일요일 교회에 갈 때 입는 가장 좋은 외투
였죠.** 나는 그 단추를 이용해 소 등을 꿰맸어요. 며칠 뒤 실
밥을 풀 때까지 소는 단추를 등에 달고 지냈어요. 다음 날
농부의 아내는 외투에 단추를 다시 달았어요. 왜 아니겠어
요. 아주 크고 멋진 단추였으니 말이죠!

아이버처럼, 내 반려 고양이 리코쳇도
메인쿤 종이에요. 몸집이 크고, 길고
두꺼운 털을 가진 데다 다람쥐처
럼 꼬리 숱도 무성하답니다. 리코
쳇은 흑갈색의 갈기며, 커다란 앞

발이며, 매섭게 노려보는 눈빛까지 작은 사자를 닮았어요. 하지만 안타깝게도 귀에 만성 질환을 앓고 있어요. 평생 그 문제를 안고 살아간다는 뜻이에요. 태어난 지 다섯 달 된 리코쳇을 처음 봤을 때, 녀석의 두개골 아래쪽에 '용종'이라고 부르는 세포 덩어리가 자라고 있었어요. 긴 촉수가 달린 용종은 고막을 파열시키고 외이도를 막아 버렸어요. 용종을 제거한 뒤에도 귀에 염증이 곧잘 생기는 등 감염에 취약했죠. 한 번은 가렵고 아팠는지 귀를 사정없이 긁었어요! (사람도 가렵고 아프면 그랬을 거예요) 얼마나 세게 긁었는지 귓바퀴의 모세혈관이 터져 버린 거예요. 피가 나고 소혈종(풍선에 물이 차는 것처럼 피가 맺히는 물집)까지 생겼어요.

나는 곧바로 단추를 떠올렸어요. 소혈종을 터트려 차오른 피를 빼내고, 진료실에 있는 낡은 셔츠와 테디 베어 인형에서 단추를 떼서 귀 양쪽에 달았어요. 바늘로 실을 꿰맬 때 압력을 분산시키고, 피부가 귀 연골에 잘 붙게 하기 위해서였어요. 샌드위치 다섯 개처럼 다섯 쌍의 단추를 단 리코쳇은 한동안 우스운 모양새였어요. 색색의 단추가 매달려 있는 바람에 귓불이 늘어졌거든요. 하지만 리코쳇은 개의치 않았어요. 치료가 잘 돼서 피부와 연골이 함께 잘 아물었어요. 지금은 귀가 살짝 접힌 것처럼 보이는데, 리코쳇의 사팔눈과 잘 어울리죠. 녀석은 내 소중한 반려묘이기 때문에 겉모습이 어떻든 아무 상관없어요! **리코쳇이 내 무릎 위로 뛰어올라** 곰 발바닥같이 커다란 앞발을 내 목에 두르고 자기 코를 내 코에 비벼댈 땐, **세상을 다 가진 것처럼 행복하답니다.**

꿀 범벅이 된 말

초보 수의사 시절에 만난 말 프레데릭은 온순한 성격에 승마 대회에 출전하는 선수로서도 유능한 녀석이었어요(장애물 경기를 잘했죠). 프레데릭의 기수(승마에서 말을 타는 사람)는 경기에서 우승할 때마다 받은 로제트(스포츠에서 우승이나 수상의 표시로 옷에 부착하는 장식)를 자랑스럽게 달고 다녔죠. 용감한 프레데릭은 기수를 믿고 높은 담장이든 물웅덩이든 배수로든 겁 없이 뛰어들었어요. 그렇게 담장을 뛰어넘던 어느 날, 그만 철조망에 다리가 걸려 피부가 찢어지고 뼈가 드러날 정도로 심하게 다친 거예요.

프레데릭을 살펴보니 통증이 어마어마한 것 같았어요. 프레데릭은 상처에서 피가 쏟아지는 걸 보고 어쩔 줄 모르는 기수에게 몸을 기대고 있었어요. 나는 기수가 프레데릭을 붙들고 있는 틈을 타, 진정제를 놓고 고통을 느끼지 않도록 상처 부위에 국소 마취제를 놓았어요. 그러곤 뼈에서부터 뜯겨 나간 피부를 꿰매야 하는데, 방법이 없었어요. 피부 손실이 커서 출혈도 많았죠. 내 앞에는 두 가지 과제가 있었어요. 감염을 막는 것과 회복을 앞당기는 것. 나는 어릴 때 농장에서 배운 민간 처치법을 떠올렸어요. **곧바로 꿀을 갖고 있는 사람이 있는지 찾았어요. 궁금할까 봐 미리 알려 주는데, 먹을 용도로 찾는 게 아니었답니다!**

꿀은 치유와 재생을 돕는 물질을 함유하고 있어요. 인간이 수천 년 동안 꿀을 사용한 이유예요. 게다가 맛도 좋죠. 몸에 면역 반응을 돕는 영양분도 제공하고요(이는 몸이 스스로 치유되는 원리예요). 마누카 꿀 같은 경우, 박테리아를 죽이기까지 해요. 우리 아버지도 새끼 양이 철조망에 걸리거나 피부에 상처가 나면 꿀을 발라 줬어요. 다행히 어떤 부인이 근처에 있는 자기 집으로 달려가 상처에 바를 꿀을 가져왔어요. 하지만 꿀이 흘러내려서 상처에 계속 쏟아부어야 했어요.

그때 근처에 있던 말 싣는 트럭의 운전석에 눈길이 갔어요. 계기판 위에 작은 장난감 곰이 놓여 있었죠. 파란색

더플코트와 빨간 모자를 쓴 패딩턴이었어요. **패딩턴이 좋아하는 음식이 뭔지 기억하나요? 맞아요. 마멀레이드 샌드위치예요!** 나는 꿀을 가져다준 부인에게 마멀레이드 잼과 깨끗한 침대보를 좀 가져다 달라고 부탁했어요. 부인이 잼과 침대보를 가지고 돌아왔어요. 나는 흐르는 꿀 위에 끈적거리는 마멀레이드 잼을 마구 바르고, 꿀이 뚝뚝 떨어지지 않도록 침대보로 상처를 감쌌어요. **프레데릭은 이 모든 과정을 잘 참아냈어요.** 두껍게 바른 마멀레이드 잼은 침대보 밖으로 새어 나오지 않고 상처 위에 꿀이 머물도록 잘 잡아 줬어요.

그리고 마지막으로 패딩턴 외투에 달린 '떡볶이 단추'와 끈을 프레데릭의 무릎(사람으로 치면 손목에 해당해요)에 상하로 묶었어요.

보름 뒤 프레데릭의 상처를 다시 살피자, **상처도 잘 아물고 감염도 피해 갔어요.** 꿀의 치유력과 말의 면역 체계가 톱니바퀴처럼 잘 맞물린 결과였죠. 프레데릭의 이야기는 병을 고치는 데 꼭 현대 의료기술만이 답은 아니라는 걸 보여 준답니다. 때로

마멀레이드가 짱이야!

는 '생체공학'까지 갈 것 없이 '생물학'으로도 충분하죠.

단순한 것이 최고야, 효과만 있으면

우리가 꿀의 효능을 발견한 것처럼 오랜 시간을 지나며 전승된 지혜는 인류를 구할 수 있고, 이는 과학으로도 뒷받침됩니다. 가끔 내 마음속에서 솟아나는 아이디어는 주변의 물건이나 일상적인 경험, 과거의 추억으로부터 나오기도 해요. 우리를 둘러싸고 있는 이 세상을 주의 깊게 관찰하고 영감을 얻을 준비만 돼 있다면, 창의적인 해결책은 어디서나 찾을 수 있어요. 자연 세계는 그 자체로 답이 될 수 있죠. 우리가 **눈**을 뜨기만 한다면요.

다음 장에서 소개할 그레이트데인 종 환자 찰스의 이야기를 통해 여러분도 **이해**하게 될 거예요. **영감을 주는 것이라면 무엇이든 부끄러워하거나 감출 필요가 없다는 것을요. 여러분의 관심을 끄는 아주 작은 것이라도 중요한 사실을 깨닫게 해 주는 우주가 될 수 있어요!** 단순함에서 오는 영감이 '신의 한 수'와 같은 고도의 기술이 될 수도 있답니다.

8장
관찰이 혁신이 될 때

　때로는 아주 엉뚱한 곳에서 임플란트나 인공기관에 대한 아이디어를 얻곤 해요. 심지어 실패와 좌절에서 혁신적인 발상이 나오기도 하죠. 나도 해결책이 없는 문제에 직면할 때가 있어요. 그러면 해결책을 새로 만들어 냅니다. 외과의사로서 실패 경험도 많아요. 하지만 실패할 때마다 더 나은 해결책을 생각해 본답니다. 앞에서 말했듯이, **모든 성공은 실패를 딛고 이루어지는 법이니까요.**

찰스와 크리스마스 트리

　찰스는 초대형견인 그레이트데인 종이었어요. 두 살밖에 안 됐는데도 몸집이 거대했죠. 길고 날씬한 다리, 아래로 처진 두 귀에 은색 외투를 입고 있었어요. 커다란 덩치만큼이나 성격도 활달했어요. 도베르만 강아지 로저처럼 찰스도 워블러 병을 앓았는데, 증상은 좀 달랐어요. 돌출된 디스크가 척추를 누른 것이 아니라, 태어날 때부터 등골뼈(척추골)가 이상한 방향으로 자라고 있었던 거예요. 이런 찰스의 병명은 '골성 관련 워블러 증후군(OAWS)'이라고 해요. 하지만 로저와 마찬가지로 (부모로부터 물려받은) 유전성 질환이라 성장함에 따라 '뼈'의 기형이 드러나죠. 찰스는 기형의 등골뼈가 목 부위의 척수 여섯 군데를 짓누르고 있어서 뇌와 다리를 오가는 신경전달에 이상이 생긴 거예요. 찰스의 가족들이 찰스를 달리고 구르게 하려고 애쓰는 모습과 찰스가 발을 헛딛고 잔디밭에 얼굴을 박는 모습을 찍은 영상을 보면 마음이 아플 정도였어요.

　이 상태를 고칠 한 가지 방법은 척수를 누르는 이상한 모양의 뼈를 제거하는 것이었어요. 하지만 나는 과거에 이 수술을 실패한 적이 있어요. 특히 찰스처럼 뼈가 짓누르는 척수 부위가 여러 군데였던 사례였죠.

　나는 다른 해결 방법을 찾기로 했어요. 다소곳이 서 있는 '크리스마스 트리'를 떠올렸죠. 물론, 진짜 크리스마스 트리를 쓴 건 아니에요. 내 이름을 딴 '피츠 추간 견인 고정(FITS)'

이라는 임플란트를 했어요. 단단하고 굵은 티타늄 나사를 등골뼈 **사이사이에** 박고 이를 쐐기 삼아 등골뼈들을 벌리는 거예요. 그 모습이 꼭 가지마다 벌어진 크리스마스 트리 같아요!

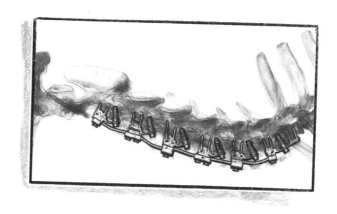

등골뼈를 벌려 놓으면 척수를 누르는 기형 뼈의 압력이 줄어들어요. 그런 다음 등골뼈를 가지런히 하고 움직이지 않게 고정하면, 짓눌리던 척수 부위가 구부러지지 않아요. 한번 상상해 보세요. 철사 하나가 끊어질 때까지 수백 번을 구부리면 어떻게 될지요. 치료하지 않은 상태로 계속 짓눌리는 척수에 실제로 일어나는 현상이 바로 그거예요.

'크리스마스 트리'처럼 간격을 넓히는 이 나사들은 '안장' 모양으로 환자별 맞춤 제작한 플레이트를 이용해 제자리에 단단히 고정해요. 등골뼈들 사이로 들어가는 이 플레이트들은 말 위에 얹는 안장을 보고 만들었어요. 이후로 덤벨과 나사 클램프(죔쇠)로 플레이트들을 연결해요. 이것은 헬스클럽에 갔다가 영감을 얻었어요. 이처럼 세상 만물에 관심을 기울이면 좋은 아이디어로 보답받게 될 거예요.

하지만 여느 수술과 마찬가지로, 여전히 위험 부담이 남아 있었어요. 주요 신경과 혈관 가까이 있는 뼈를 드릴로 뚫는 건 조심스럽고 정밀한 작업이니까요.

척추에 신경 압박을 줄이는 수술은 내가 많이 해 본 것이고, 세월이 흐르면서 임플란트 체계도 더 발전해 수술 결과가 좋았어요. 왜냐하면 찰스의 머리가 목에 무게를 많이 실어 주었고 나는 목 부위의 등골뼈들이 제대로 자리를 잡게 하려고 했는데, 이 모든 효과가 잘 합쳐졌거든요. 우리는 커다란 수술대 위에 찰스를 눕히고 마취제를 놓았어요. 일곱 개의 등골뼈 사이마다 두 개씩 나란히 고정할 '크리스마스 트리 나사' 여섯 쌍도 가져왔어요. 익숙하지 않은 사람에게는 이런 수술이 꽤 거칠고 선혈이 낭자한 장면처럼 보일 거예요. 드릴 소리도 요란하고 뼈에 나사를 조이려면 힘이 아주 많이 들거든요.

금속 임플란트 고정을 마쳤다면 이제 이 여정의 절반에 다다른 것이랍니다. 수술의 성공은 뼈와 그 주변 조직이 얼마나 잘 아무는지 그리고 수술 부위의 감염 여부에 달렸어요. 찰스의 임플란트는 모두 티타늄으로 만들어졌어요. 하지만 어떤 금속도(강도와 상관없이) 뼈가 아물지 않으면 임플란트를 지탱할 수 없죠. 따라서 등골뼈들이 모두 자리를 잘 잡도록 골수가 '크리스마스 트리 나사' 주위를 꼼꼼히 감싸는 것이 아주 중요해요. 윈스턴의 발목과 밀리의 발가락을 수술했을 때처럼요.

나는 찰스의 어깨 아래 상완골(사람의 위팔뼈에 해당해요) 위쪽 부분에서 골수를 채취했어요. 이것은 밀리와 같죠. 전과 마찬가지로, 세포는 뼈로 자랄 수 있고 뼈를 더 자라게 하는 지지대(스캐폴딩)가 될 수 있어요. 뼛속에 있는 이 말랑한 조직은 그야말로 '생물학적 금가루'나 다름없어요. 나는 이것이 금보다 더 귀하다고 보지만요!

수술 부위를 봉합하고, 이렇게 큰 수술을 마치고 깨어난 찰스의 상태가 어떨지 긴장된 마음으로 지켜봤어요. 찰스는 놀라운 회복 속도를 보였어요. **이틀쯤 지나자 일어나 뻣뻣한 목으로 돌아다니기도 했어요.** 완전히 나으려면 몇 달 더 걸리겠지만, CT 사진을 찍으러 다시 병원에 온 찰스를 보고 무척 기뻤어요. 통증을 무릅쓰고 비틀거리며 걷던 녀석 이 **입에 큰 막대기를 물고 신나게 뛰어다니는 모습으로 나타났거 든요.** 놀라운 점은 개는 시간 감각이 없다는 거예요. 사람과 달리, 미래에 대한 걱정 없이 순간을 살아갈 뿐이죠. 찰스도 한 번에 한 걸음씩 행복한 발걸음을 내디디며 마음껏 새 삶 을 누리고 있어요. 내가 이 책을 쓰고 있는 이 순간에도 말 이죠.

막대사탕과 약혼반지

암은 참 무서운 병이에요. 안타깝지만 개들도 흔히 걸 리는, 여러 부위에 발생하는 질환이죠. 특정한 유형의 세포 가 비정상적으로 계속 자라 세포 덩어리인 종양을 형성하고 신체 기능을 망가뜨리는 거예요. 암세포는 발생 부위에서 신체의 다른 부위로도 번져 나가 덩어리가 되죠. '양성'으로 판명된 종양은 다른 곳으로 전이되지 않고 제거가 쉽지만, **'악성'** 종양은 몸 전체를 해칠 수 있어요. 내가 몸담은 분야 에서도 뼈와 관련된 암을 자주 보는데, 악성일 때가 많아요.

여덟 살 난 드미트리는 덩치가 크고 멋진 곱슬 털을 가진 블랙 러시안 테리어였어요. 드미트리의 보호자는 녀석을 무척 아꼈는데, 남편을 암으로 잃은 뒤 드미트리가 그 빈자리를 채웠기 때문이에요. 그런데 드미트리가 왼쪽 앞다리를 쓰지 못하게 되자 병원을 찾아왔고, 우리는 발목(사람으로 치면 손목) 바로 위 다리뼈(사람의 아래팔뼈에 해당) 중 하나인 노뼈를 손상시키고 있던 '골육종'이라는 악성 뼈암을 발견했어요.

앞다리를 절단할 수도 있지만, 드미트리가 대형견인 만큼 어려움이 많이 따를 것 같았어요. 개는 체중의 약 60퍼센트가 앞다리에 실리거든요. 보호자는 다리를 보존해 달라고 했어요. 벳시처럼 무릎 아래를 밑에서부터 반 정도 절단하고 인공기관을 이식하는 방법이 있었어요. 하지만 윈스턴을 수술한 것처럼, 악성 종양을 도려내고 금속 재질로 속을 채운 뒤 손목뼈를 접합하는 것이 더 낫다고 판단했어요. 문제는 몇 년 전까지만 해도 뼛속을 채울 수 있는 유일한 금속 물질이 뼈에 잘 붙지 않았다는 것이었어요. 앞서 수술에서 실패한 환자들도 있었거든요. 임플란트가 헐거워져 다리가 내려앉은 것이죠.

암담한 하루하루가 지나고 있었어요. 그러던 어느 날, 대형 품종견의 앞다리를 절단한 뒤 차를 몰고 병원을 나온 길이었어요. 마음이 착잡하고 기운이 하나도 없었죠. 그때 '**롤리팝 맨(건널목이나 학교 앞 도로에서 보행자를 도와주는 교통 관리인을 막대사탕에 빗대 이렇게 부른답니다)**'**이 앞을 가로막았어요.** 안 그래도 늦은 터라 더 기분이 상한 채 롤리팝 맨만 쳐다보다가 보행자들이 길을 건너자마자 부리나케 기차역으로 달려갔어요. 나는 간발의 차로 겨우 기차에 올라 자리에 풀썩 주저앉았어요. 기차가 출발할 때 차장 안으로 햇살 한 줄기가 들어오더니, 내 맞은편에 앉은 여성의 손가락에 끼워진 다이아몬드 반지 위에 내려앉아 반짝거리는 거예요. 나는 눈을 질끈 감았어요. 그 순간 우주가 나에게 손짓하는 것 같았죠. **롤리팝 맨이 들고 있던 교통 표지판과 약혼반지**가 머릿속을 스쳐 지나가지 뭐예요!

병원에 돌아온 나는 엔지니어인 제이의 도움을 받아 '조립식 관내장치'라는 걸 디자인했어요. 이름도 그럴듯한 이 장치는 하나로 끼워 맞출 수 있는 여러 개의 티타늄 조각으로 이루어진 인공기관으로, 몸집의 크기와 상관없이 모든 개한테 사용할 수 있답니다. 이 인공기관으로 드미트리를 수술한 방법을 설명해 줄게요.

1. 종양이 노뼈의 아래쪽을 파고들고 있었어요. 노뼈는 아래 앞다리에 있는 두 개의 뼈 중 하나인데, 발목(손목) 관절 바로 위에 있어요. 아래 앞다리 뼈인 노뼈와 자뼈의 아랫부분을 잘라내 종양을 제거하고, 그 자리를 상자 모양의 티타늄 조각으로 채워요. 티타늄 표면은 뼈가 붙어서 자랄 수 있게 코팅을 해요.

2. 티타늄 상자 꼭대기 안쪽으로부터 플레이트에 막대를 대줘요. 그런 다음, 이를 무릎 관절 아래 잘라내고 남은 노뼈에 나사로 고정해요.

3. 드릴로 구멍을 뚫어 발목뼈(손목뼈)에서 연골을 채취하고, 발목에서 발허리뼈(중수골)를 거쳐 티타늄 상자 바닥 부분에 부착해요. 이때 두 갈래 갈퀴 모양의 플레이트와 나사를 이용하죠.

4. (2번에서 언급한) 막대는 티타늄 상자 위에서 다음 세 가지 기능을 해요.

　　a. 막대 부근에서는 내가 정확한 각도로 발을 휘돌릴 수 있어요.

　　b. 막대를 따라 정확한 길이로 다리를 늘릴 수 있어요. 다리가 올바른 위치에 자리하면 막대가 티타늄 상자

안에서 딱 잠겨요.

c. 막대에는 암나사(너트)가 달린 금속 고리가 있어요. 이 고리는 약혼반지처럼 생겼는데 아주 중요한 부품이죠. 그 이유는 곧 알려 줄게요!

5. 다른 플레이트를 가져다 남은 자뼈(두 개의 아래 앞다리 뼈 중 뒤쪽에 있는 뼈)에 고정해요. 그런 다음, 또 다른 티타늄 조각(이번에는 롤리팝 사탕처럼 생긴)을 이용해 노뼈 막대 위 약혼반지처럼 생긴 금속 고리를 자뼈 플레이트와 연결해요. 이렇게 하면 임플란트가 '조립'돼 느슨해지지 않고 단단히 고정돼요.

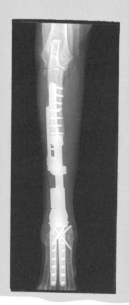
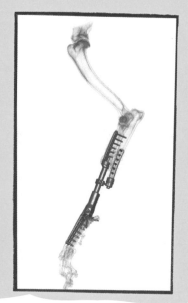

a. 자뼈 플레이트의 아랫부분에 '롤리팝 사탕'의 둥근 부분을 부착해요.

b. 노뼈 막대 위 '약혼반지'를 '롤리팝 사탕'의 막대 부분과 부착시켜요. 그러면 마치 약혼반지의 다이아몬드처럼 보이는 금속 고리의 암나사가 사탕 막대 부분과 맞물리며 모든 뼈를 단단하게 잡아 줄 거예요.

이런 과정을 거치며 종양은 제거되고 아래 앞다리, 발목, 발뼈들이 전부 제자리를 잡게 되죠. 이게 다 롤리팝 맨이 든 교통 표지판과 약혼반지 같은 일상적인 일들을 놓치지 않고 관찰한 덕분이랍니다!

일 년이 지난 지금도 드미트리는 네 다리로 씩씩하게 뛰어다니고 있어요. 다른 부위로 전이된 암세포를 제거하기 위해 항암 화학요법도 받았어요. 하지만 안타깝게도 또 다른 부위에 종양이 생겨 이 때문에 죽거나 안락사할 가능성이 높아요. 드미트리가 앓은 뼈암은 완치가 어려운 유형이거든요.

동물과 사람 모두의 건강을 위해 수의사들과 의사들이 함께 노력해서 더 좋은 암 치료제를 개발하면, 언젠가 이 암을 완치할 수 있을 거라고 믿어요. 지금으로서는 드미트리가 엄청나게 긴 혀를 빼물고 네 발로 달리며 하루하루를 즐겁게 살아가길 바랄 뿐이죠.

브랜의 컵 아이스크림

겨울부터 여름까지, 모든 계절이 영감의 원천이 될 수 있어요. 더운 여름날에는 아이스크림만큼 좋은 게 없죠. 나는 지금까지 아이스크림을 먹으려고 호시탐탐 기회를 노리지 않는 개는 본 적이 없어요. 하지만 저먼 셰퍼드 브랜에게는 진짜 아이스크림이 아닌 첨단 기술로 만든 아이스크림이 절실했어요.

브랜은 삶의 출발점부터 고통을 겪어 온 새끼 강아지였어요. 다리 하나가 부러졌는데 치료를 받지 못해 결국 하지를 절단했거든요(수의사가 다리 하나를 몽땅 잘라냈다는 뜻이에요). 브랜을 입양한 가족은 녀석의 앞날에 더 행복한 삶을 선사하고 싶었어요. 하지만 지금 문제가 된 건 다른 쪽 뒷다리였어요. '고관절 이형성증'이었어요. 이것은 선천적으로 골반 비구(소켓처럼 움푹 들어간 부위)와 넙다리뼈(대퇴골)가 잘 맞지 않는 질환이에요. 둥그런 뼈 머리 부분과 비구의 끄트머리인 관절면이 서로 부딪히면서 연골 손상과 심각한 관절염을 유발해 통증을 일으키죠. 브랜은 부상으로 관절이 완전히 어긋나는 바람에 문제가 생긴 것인데, 이제는 상태가 나쁜 뒷다리 하나로 버티고 있었어요. 통증이 심해 앞다리로 몸을 끌며 겨우 움직이고 있었어요.

이런 경우, 대개의 수의사는 안락사를 권하고 실제로 그렇게 조치하고 있어요. 하지만 브랜의 새 가족들은 이를 원치 않았어요. **브랜을 아끼는 데다 녀석이 아주 어렸으니까요.** 솜털이 보송보송한 브랜의 얼굴과 예쁜 눈망울을 보니 가족들의 심정을 이해할 수 있었어요. 브랜은 지금까지도 고통을 잘 견뎌 왔고 병마와 싸울 준비가 돼 있었어요.

브랜에게 해 줄 수 있는 최선의 처치는 '고관절 전치환술(THR)'이었어요. 금속 공과 단단한 플라스틱으로 만든 컵이 달린 막대를 넙다리뼈 위쪽에 끼워 넣는 거예요. 플라스틱 컵은 고관절이 들어가는 소켓(비구) 역할을 하죠. 이것은 매년 무수히 많은 사람이 받는 수술이기도 해요. 특히 관절이 마모된 노인들이 이 수술을 많이 해요. 브랜은 뒷다리

가 하나밖에 없어서 발이 몸 중심부 쪽으로 틀려 있
어, 넙다리뼈의 윗부분은 관절에서 더욱 빠질 수
밖에 없었어요. 게다가 아픈 고관절 주변 근육
들은 제대로 움직여 주지 못해 약해질 대로
약해져 있었고요. 그래서 내가 쓰는 어떤 인
공 소켓도 넙다리뼈 머리 부분에 맞지 않을
것 같았죠.

하지만 나는 이 문제를 해결할 방법을 이미 개발해 두
었어요. **바로 '에이스피츠(AceFitz)'예요. 어느 무더운 날, 동료
들에게 줄 아이스크림을 사다가 떠오른 아이디어였어요.** 정식
명칭은 '인공관절 비구컵'이지만, 컵 아이스크림을 떠 놓은
것처럼 보이죠. 특수 제작한 벌집 모양 티타늄 망에 둥그런
뚜껑을 올려놓은 것 같거든요. 티타늄으로 만든 이 컵은 기
다란 손잡이가 붙어 있고 광물성 분진으로 코팅해, 뼈가 영
구적으로 자랄 수 있어요. 그렇게 신체 일부가 된답니다.

브랜처럼 심각한 비구 기형을 가진 환자의 경우, 골반
(허리 아래로 만져지는 엉덩이뼈로, '장골'이라고도 해요) 측면에 이
임플란트의 손잡이를 고정해요. 이 과정은 다음과 같아요.

1. 원래 상한 고관절의 '컵' 부위를 드릴로 긁어내고 남은 뼈가 우묵한 그릇처럼 드러나도록 했어요.

2. 우묵하게 파인 자리에 아이스크림 모양 에이스피츠(인공 비구컵)의 금속 컵을 얹고, 플레이트 손잡이를 장골(골반)에 나사 다섯 개로 고정해요.

3. 그런 다음, 시멘트를 이용해 정확한 각도로 금속 컵 안에 고밀도 플라스틱 라이너를 밀봉해요.

4. 넙다리뼈 윗부분에 티타늄 망이 있는 막대를 삽입해요. 이 막대 목 부분에는 코발트 크로뮴으로 만든 크고 매끄러운 금속 헤드가 있어요.

5. 마지막으로, 금속 헤드를 플라스틱 라이너 안쪽에 붙여요. 이때 에이스피츠의 커다란 컵이 금속 헤드가 새로운 고관절 소켓 밖으로 빠져나오지 않도록 선반 역할을 한답니다.

이제 브랜은 새로운 '컵 아이스크림 고관절'을 갖게 됐어요! 일주일 만에 고통을 잊고, 예전 모습은 온데간데없이 들판을 달렸어요. 심지어 해변에서 뛰놀다 바다에도 뛰어들었죠. 브랜은 인간의 악한 본성을 겪기도 했지

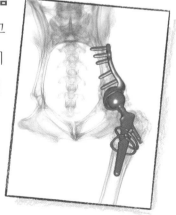

만, 선한 모습도 경험했죠. 새 가족들의 헌신적인 사랑과 살고자 하는 브랜 자신의 의지 덕분에 행복하게 살아갈 나날들만 남았어요.

테리어와 견인 트레일러

내게 영감을 주는 건 일상적인 물건뿐만이 아니에요. 때로는 지난 추억에서 해답을 찾기도 하죠. 예전에 농장에서 갓 수확한 보리를 실은 트레일러를 몰다가 하마터면 강에 빠질 뻔했는데, 이것은 훗날 써니라는 티베탄 테리어를 치료하는 열쇠가 됐답니다!

고대로부터 내려온 티베탄 테리어는 불교 사원을 지키던 개였어요. '눈부시게 밝다'는 뜻의 이름과 달리, 써니의 첫인상은 침울해 보였어요. 뒷다리의 양 무릎에 한 수술이 실패해 계속 고통받았기 때문이었어요. 무릎 관절을 보호하는 활액이 든 주머니의 얇은 막에 '면역병'이 생겨 관절염증이 심각했죠. 무릎 인대 손상이 점점 심해지더니 찢어지고 말았고요. 수술을 받았음에도, 내가 써니를 만난 무렵에는 양 무릎이 주저앉고 있었어요. 한쪽 다리만 아프면 절단이라도 했을 텐데, 써니는 뒷다리 양쪽 다 문제였어요. 단단한 구조물로 넙다리뼈(대퇴골)와 정강이뼈(경골)를 붙이는 방법이 있지만, 양쪽 손목을 접합했던 윈스턴과 달리, 써니 무릎에는 이 수술이 어려울 것 같았어요. 제대로 걷지 못할 것 같았죠.

써니한테는 움직일 수 있는, 완전 새로운 무릎이 필요했어요. 하지만 무릎 인대가 다 손상된 상태라, 플라스틱에 금속 경첩을 단 인공 무릎 관절을 지탱해 줄 수 없었죠. 다른 방식으로 넙다리뼈와 정강이뼈를 연결하는 경첩이 필요했어요.

다행히 농장에서 아버지 대신 트랙터를 몰던 십 대 시절로 되돌아가 해결 방법을 찾아냈어요. 그날, 나는 수확한 보리를 가득 실은 트레일러를 끌기 위해 트랙터 운전석에 올라앉았어요. 보리밭 밖으로 나가 좁은 도로로 몰고 갈 생각이었죠. 하지만 트랙터 운전이 서툴러 마음처럼 되지 않았어요. 밭에서 빠져나가는 출구 쪽에 작은 시내를 건너는 다리가 있었어요. 그런데 내가 모퉁이를 너무 거칠게 돌고 말았어요. 트랙터는 다리 위로 잘 들어왔는데, 끌려 오던 트레일러가 다리 난간의 나지막한 차단벽을 밟고 올라선 거예요. 트레일러는 물 위에서 흔들거렸어요. 순간 숨이 멎는 줄 알았어요. 차축이 차단벽 위에서 겨우 균형을 잡고 있지만 트레일러가 물에 빠지기 일보 직전이었거든요. 이를 막은 건 트랙터와 트레일러를 연결하는 '견인봉'이었어요! 이 아찔했던 기억은 써니를 고치는 열쇠가 됐어요.

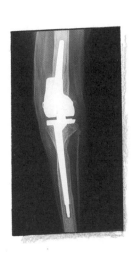
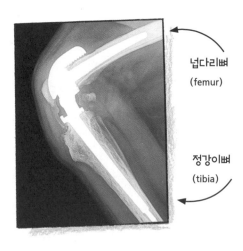

넙다리뼈
(femur)

정강이뼈
(tibia)

나와 엔지니어 제이는 '인공 무릎관절 치환술'에 쓸 '피츠 무릎(FitzKnee)'이란 걸 만들었어요. 이름을 보면 짐작하겠지만, 써니의 무릎 관절을 대체하는 인공기관이죠. 수술 과정은 다음과 같아요.

1. 무릎 관절 위 넙다리뼈(대퇴골)와 무릎 관절 아래 정강이뼈(경골)의 끝을 잘라내요.

2. 그런 다음 이 두 뼈를 각각 골수강(골수공간)까지 드릴로 파내요.

3. 아주 부드럽게 굴곡진 코발트 크로뮴 금속 끝을 넙다리뼈에 이식한 다음, 골수강 속에 접합한 막대에다가 부착해요.

4. 3번의 과정을 정강이뼈에도 똑같이 적용해요. 다만 정강이뼈에는 표면이 부드럽고 평평한 코발트 크로뮴 플레이트를 쓰죠. 정강이뼈 표면 중심에서 구멍 밖으로 나온 기둥이 하나 있어요. 고밀도 플라스틱으로 특별 제작한 간격 조정 나사를 이 기둥 위에 놓아요.

5. 다음으로, 굴곡진 넙다리뼈 표면에서부터 정강이뼈에서 올라온 기둥 구멍에 걸쳐 막대를 놓고, 넙다리뼈와 정강이뼈에 각각 삽입한 임플란트 두 개를 하나로 연결해요.

6. 이렇게 하면 무릎 위아래 두 부분(넙다리뼈와 정강이뼈)이 엮여 서로 단단하게 고정되죠.

금속 임플란트가 두 부분을 연결하기 때문에, 전과 달리 써니의 무릎 관절은 더 이상 어긋나지 않아요! 정말 놀랍지요?

트레일러가 물에 빠질 뻔한 날, 아버지는 불같이 화를 내셨어요. 하지만 그만한 가치가 있는 일이었어요. 형편없는 내 운전 실력 덕분에 훗날 써니가 튼튼한 새 무릎을 가지게 됐으니까요. 써니는 이제 이름에 걸맞게, 매일 환하게 웃으며 살고 있답니다.

스티비의 엉덩이 집게

긴 털을 가진 스티비는 생후 6개월 된 귀여운 닥스훈트 강아지였어요. 하지만 끔찍한 사고를 당해 뒷다리를 딛고 서지도 못한 채 고통에 시달리고 있었어요. 아빠(보호자)와 공원에 산책하다가 **자전거에 부딪혔거든요**. 겁에 질린 스티비가 도로에 뛰어드는 바람에 자동차에 또 치이고 말았어요. 이 충돌로 골반과 척추 끄트머리에 위치한 엉치뼈가 다 으스러졌어요. 엑스레이 사진과 CT 스캔 이미지를 보니 얼마나 처참한 부상을 입었는지 적나라하게 드러났어요. 한쪽 뒷다리가 부러지고 골반은 스무 군데도 넘게 산산조각나고 엉치뼈는 뭉개지다시피 했죠. 발끝까지 연결되는 신경망이 온전할지 정말 걱정됐어요. 만약 신경이 손상됐다면 걸을 수도, 혼자 화장실에 갈 수도 없기 때문에 안락사를 시킬 수밖에 없으니까요. 안락사 이야기도 꺼내 봤지만, 가족들은 스티비를 꼭 살리고 싶어 했어요.

먼저 우리는 엉치뼈에서 부서져 나온 미세한 조각들을 다시 맞추는, 복잡한 과정에 착수했어요. **시멘트 덩어리와 한데 뭉쳐 있는 작은 핀**을 이용해 맞춰 나갔어요. 이건 시작에 불과했어요. 스티비의 골반은 여기저기 흩어진 퍼즐 조각처럼 보였으니까요.

며칠 뒤, 장장 다섯 시간에 걸쳐 퍼즐처럼 흩어진 뼛조각들을 맞추는 두 번째 수술을 했어요. 1990년대 초부터 해 온(밀리와 윈스턴, 히어로에게도 해 준) 외부 골격 고정 수술로 골반을 바로잡았어요. 하지만 스티비 골반에 부착한 외부 고정기는 사뭇 다른 종류였어요. 앞에서 말했듯이 나는 평

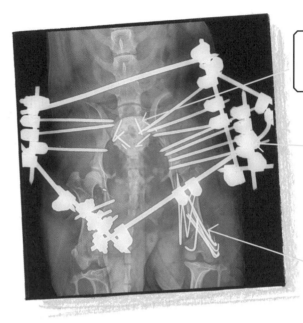

엉치뼈에 이식한 시멘트 덩어리와 작은 핀들

골반 뼛조각들을 잡아 주는 외부 고정기

넙다리뼈에 박은 핀들

범한 물건들을 보고 영감을 얻곤 하는데, 이번에는 폐품 처리장에서 고물을 들어 올릴 때 쓰는 커다란 집게발에서 아이디어를 떠올렸죠.

이 집게의 발가락은 사실 피부 여기저기에 박혀 있는 핀인데, 막대와 죔쇠(클램프)를 써서 전부 부착했어요. 이 임플란트의 전체적인 구조를 보면, 부서진 골반뼈들을 몸 밖에서 고정하는 거대한 '생물학적 집게' 같았어요!

나는 핀으로 작은 뼛조각들을 하나하나 이어 가며 고정했어요. 마치 퍼즐 조각을 맞추듯 골반을 다시 만들어 갔는데, 꽤

힘든 작업이었죠. 골반 위쪽에서 막대와 죔쇠를 이용해 골격에 맞게 핀을 꽂아 넣었어요.

과연 스티비가 회복될지, 다시 걸을 수 있을지 걱정되고 의구심이 든 순간도 많았지만, 스티비는 의젓하고 씩씩하게 견뎌 내며 우리를 놀라게 했어요. 사고 현장에서 벌레에 물리면서 생긴 감염 증상도 이겨 냈고요. 하지만 안타깝게도, 뼈가 아무는 동안에도 신경 손상으로 여전히 수술한 다리를 움직이지 못했어요. 결국 다리를 절단해야 했죠.

스티비는 다리 하나를 잃고도 전혀 개의치 않았어요. 자신의 삶에 만족하며 주체 못할 정도로 활기차게 지내고 있답니다.

우리를 둘러싼 세상을 관찰하는 것만으로도 영감을 얻을 수 있다는 사실을 기억하세요. 그것이 스티비 골반의 외부 고정기와 '집게 임플란트' 같은 엄청난 혁신을 이끌어 낸 비결이니까요.

9장

이상하고도 아름다운 동물들

피츠패트릭 진료협력병원의 환자는 주로 개와 고양이지만, 지금의 명성을 얻기까지 다양한 종류의 동물을 치료하고 연구해 왔답니다. 나는 수의사라는 직업 덕분에 전 세계를 다니며 많은 동물들을 만났어요. **그래서 나에게 오는 어떤 동물이든 내 전문성을 바탕으로 최선을 다해 치료할 각오가 돼 있어요. 신경-정형외과 전문 수의사라는 경력을 쌓기까지 일반 동물병원부터 시작해 여러 분야를 거쳤거든요.**

1차 동물병원에서 초보 수의사로 일하던 어느 날, 폐렴에 걸린 아프리카 회색 앵무새가 찾아왔어요. 엑스레이 사진을 찍어야 하는데, 이 새는 호흡곤란으로 마취가 너무 위험했어요. 원래 동물의 엑스레이 사진을 찍을 때 움직이지 않게 진정제를 주사하거든요. 할 수 없이 엑스레이 기계 아래에서 내가 앵무새를 붙들고 있었어요. 방사선으로부터 손과 몸을 보호하기 위해 납으로 만든 장갑과 가운을 입고서 말이죠. 그러자 앵무새가 나를 물고 욕설도 뱉었어요. 나도 모르게 '주둥이 좀 다물라'고 되받아쳤죠. 검사를 마치고 앵무새를 보호자에게 넘겨주자, 녀석이 보호자 어깨 위로 폴짝 뛰어오르며 이렇게 말하는 거예요.

"주둥이 좀 다물어!"

나는 당황해서 어쩔 줄 몰랐답니다.

가시 돋친 친구들

여우나 오소리처럼 야생동물보호구역에서 온 동물들을 치료할 때도 있어요. 개인적으로 고슴도치를 가장 좋아하지만요. 나는 농장에 살던 어린 시절에 처음으로 고슴도치를 구했어요. 길가에서 발견한 고슴도치를 헛간에 데려와 먹이를 주며 돌봤죠. 어느 날 고슴도치가 훌쩍 떠나기 전까지 말이에요. 이 수줍음 많고 사람 눈에 잘 띄지 않는 희귀한 생명체에게는 뭔가 마음을 사로잡는 매력이 있어요.

아일랜드 고유어 '게일어'로 고슴도치(Grainneog)는

'못생긴 것'이라는 뜻이에요. 나는 세상에서 가장 귀여운 동물이 고슴도치라고 생각하기 때문에 이 말에 전혀 동의하지 않지만요! 고슴도치는 사람들이 집을 많이 지어 올리고 자동차가 도로에 즐비하면서부터 갈 곳을 잃었어요. 자연 서식지인 들판의 생울타리(영어로 hedgerow. 고슴도치를 가리키는 영어 'hedgehog'는 여기서 유래한 말이에요)가 파괴되고, 농작물에 치는 화학비료 때문에 먹이 공급에 문제가 생긴 거예요. 고슴도치는 벌레를 잡아먹는데, 살충제가 벌레들을 죽이면서 고슴도치의 먹이가 줄어든 거죠.

1950년대 영국에는 고슴도치가 3천만 마리나 됐어요. 지금은 백만 마리가 채 안 되고, 그 숫자도 계속 줄어들고 있어요. 내가 어릴 땐 고슴도치를 흔히 볼 수 있었지만, 요즘 아이들은 **야생에서 고슴도치를 만난 적이 없을 거예요.** 차에 치여 죽은 고슴도치 말고는요. **혹시 여러분은 고슴도치를 본 적 있나요?** 고슴도치 개체 수 감소를 막기 위해 뭐라도 하지 않으면 오십 년도 지나지 않아 멸종하고 말 거예요. 정말 안타까운 일이죠.

수의사가 돼서 처음 치료한 고슴도치는 저녁에 강의를 하러 자동차를 몰고 가다가 발견했어요. 고슴도치 한 마리

195

가 길가에서 끙끙거리고 있길래 살
펴보니, 차에 치였는지 뒷다리가
부러져 있었어요. 그대로 두면 감
염이나 굶주림으로 고통스럽게
서서히 죽어 가거나 여우에게 잡
아먹힐 게 뻔했어요.

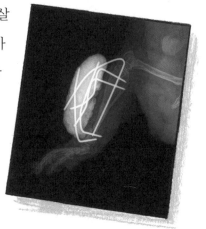

　　고슴도치는 포식자를 피해
달아나지 못하기 때문에 가시
덮인 단단한 공처럼 몸을 둥글게 만답니다. 마치 몸으로 이
렇게 항변하는 것 같아요. '이래도 날 잡아먹을래?' 그런데
부러진 다리가 '공' 밖으로 삐죽 나와 있으면, 잡히기 딱 좋
을 테죠.

　　그날 저녁, 강의를 빼먹고 다친 고슴도치를 병원으로
데리고 왔어요. 뼈에 핀을 박고 내가 직접 만든 특수 외부
고정기를 해 줬어요. 그 모습이 마치 커다란 안전핀(옷핀)처
럼 보였죠. 어떻게 하는 것이냐면, 부러진 뼈를 맞추기 위
해 기다란 바늘(핀) 촉을 정강뼈 안에 박아 넣고 피부를 관
통시킨 다음 무릎 부근에서 끝을 구부려요. 그런 다음 뼈
바깥쪽에 미리 각도를 맞춰 놓은 작은 핀에 부착해요. 이때
배관공이 쓰는 접합제를 사용해 더 빠르게 굳혀 줍니다. 고

습도치 정강이는 너비가 몇 밀리미터(정말 작죠!)밖에 안 되기 때문에 정말 까다로운 수술이었어요. 몇 주 뒤 외부 고정기를 제거하고 고슴도치를 야생으로 보내 줬어요.

이후에도 고슴도치들에게 이런 수술을 몇 번 더 해 줬어요. 뒷다리 두 개가 모두 부러진 고슴도치도 고쳐 줬고요! 다 나아서 덤불 속으로 총총히 사라지는 이 작고 가시 돋친 생명체의 뒷모습을 바라볼 때의 기분은 세상 무엇과도 바꿀 수 없을 거예요. 마치 이들의 평화로운 오후에 잠시 끼어들었다가 마침내 놓아 주는 듯 홀가분한 기분 말이에요.

고슴도치는 이따금 사람의 도움이 필요해요. 특히 겨울잠을 자는 가을과 겨울에요. 만약 12월과 2월 사이에 고슴도치와 맞닥뜨린다면, 집이 훼손돼 잠잘 데가 없기 때문일 거예요. 고슴도치가 차도와 같은 위험한 곳에 나와 있거나 아프고 다친 것처럼 보이면, 안전을 위해 여러분 집에서 임시 보호해 주세요.

양면 판지로 만든 상자에 부드러운 수건이나 신문지를 깔고 고슴도치를 조심스럽게(이때 가시 같은 털에 찔리지 않게 두꺼운 장갑을 끼는 게 좋아요) 넣어 주세요. 상자는 항상 따뜻한 곳에 두고요. 고슴도치를 너무 자주 만지지 않도록 해요. 자칫 겁먹을 수 있거든요. 고기가 들어간 개 사료나 고양이 음식을 주면 잘 먹을 거예요. 다만 물은 꼭 접시에 담아 주세요.

그러고 나서 동물보호단체나 야생동물보호구역 관리처에 연락해 보세요. 고슴도치를 자연으로 돌려보내는 방법을 알려 줄 거예요.

사랑의 '떨림'

초보 수의사 시절에 만난 또 다른 특별한 동물은, 화려한 무늬를 자랑하는 카멜레온 드래곤이었어요. 아주 오래전 일이라 녀석의 이름은 기억이 안 나요. **여기서는 '프랭크'라고 부를게요.** 카멜레온 드래곤은 카멜레온도 용도 아니랍니다(용은 '상상' 속 동물이니까요!). 불을 내뿜지는 못하지만, 주변 환경에 따라 몸 색깔을 바꿀 수 있는 도마뱀이었어요.

하지만 보호자와 함께 온 프랭크는 색깔을 바꿀 기미가 전혀 안 보였어요. 턱에 종양이 있었거든요. 보통 종양쯤은 간단히 제거하지만, 이 경우는 달랐어요. 카멜레온 드래곤 목 아래쪽에는 날개처럼 늘어진 '군턱(흉수)'이 있는데, 종양이 이 군턱을 누르고 있던 거예요. 수컷은 군턱을 이용해 암컷을 유혹해요. 군턱을 떨고, 목을 불룩하게 부풀리고, 머리를 까딱거리고, 팔굽혀펴기를 하면서 암컷에게 호소하죠. '이봐, 나 좀 보라고!'

프랭크는 자기 턱에 종양이 있는 줄은 미처 몰랐을 거예요. 카멜레온 드래곤의 눈은 360도로 회전하지만 턱 아래까지는 보지 못하니까요. 하지만 **자기 군턱의 떨림이 예전 같지 않다는 걸 눈치채다니 정말 대단하죠.** 종양이 더 커지기 전에 빨리 제거하고 군턱도 잘 꿰매야 했어요. 프랭크가 사랑의 노래, 아니 사랑의 '떨림'을 다시 할 수 있도록 말이에요. 이후 프랭크가 여자 친구를 사귀었는지는 모르겠어요(카멜레온 드래곤은 흔히 만날 수 있는 반려동물이 아니니까요!). 만약 그랬다면, 여자 친구가 프랭크의 떨림에 흠뻑 빠졌기를 바라요.

버려진 거북이 헤르메스

개와 고양이의 생체공학 또는 인공기관 삽입 수술은 수백 번도 넘게 해 봤지만, **거북이 헤르메스를 치료하는 건 가장 어려운 도전 중 하나였어요.** 거북이는 겨울잠을 자는 동물인데, 봄이 오면 배도 고프고 빨리 밖으로 나가고 싶어서(거북이가 낼 수 있는 최고 속도로) 안달이랍니다. 하지만 헤르메스는 소름 끼치도록 처참한 일을 겪었어요. 겨울잠을 자는 사이, 헤르메스를 발견한 쥐들이 발을 전부 물어뜯었지 뭐예요. 한쪽 발만 제외하고요.

보호자가 헤르메스를 특수동물 전문 병원에 데려갔지만, 상처를 소독하고 감염을 막는 약을 처방하는 것 말고는 해 줄 게 없었어요. 한쪽 발만 갖고는 걸을 수도, 제대로 살아갈 수도 없었죠. 그 병원 수의사는 내가 생체공학 수술 전문가라는 것을 알고 헤르메스를 우리 병원에 보냈어요. 내가 헤르메스의 마지막 희망이었던 셈이죠.

나는 전에도 거북이들을 치료한 경험이 있어서 거북이에 대한 지식이 있었어요. 몇 가지 치료 방법이 있었지만, 어느 것도 헤르메스에게 맞지 않았어요. 우선, 바퀴를 다는 방법은 남은 다리가 두 개는 돼야 바퀴를 끌 수 있기 때문에 적당치 않았죠. 또 하나의 방법은 다리가 뜯겨 나간 부위, 정확히 말해 이 부위에 맞는 인공 소켓에 인공다리를 끼우는 것이었어요. 다른 동물이라면 이 방법이 통했겠지만, 거북이는 등껍질 속으로 다리를 쏙 집어넣기도 해서 인공다리가 떨어져 나갈 위험이 있었어요.

답은 남은 다리뼈에 영구적으로 인공다리를 부착하는 것이었어요. 내가 알기론, 거북이한테는 처음 시도하는 매우 까다로운 수술이었죠. 나는 이 수술에 따르는 여러 가지 위험에 대해 보호자와 한참 동안 이야기를 나눴어요. **보호자는 녀석이 택배 회사 '헤르메스' 로고가 찍힌 상자 안에 버려진 거북이었다고 했어요.** 그래서 헤르메스에게 '기회'를 주고 싶어 했죠.

하지만 우리는 동물에게 최선이라는 확신이 들 때만 수술을 단행해요. 헤르메스는 여전히 위험 부담이 컸어요. 뼈가 너무 약해서 임플란트의 금속 막대를 지지할 수 있을지, 임플란트를 한 부위에 피부가 잘 재생될지, 감염이 재발하지 않을지 우려됐어요. 헤르메스의 보호자, 특수동물 전문 병원의 수의사, 또 다른 특수동물 전문가와 함께 안락사를 놓고 고심하기도 했어요.

헤르메스는 다섯 살이었어요. 헤르메스 같은 거북 종에게 다섯 살은 아직 어린 나이였죠. 수술이 잘 될 경우, 45년은 더 살 수 있으니까요. 무수한 고민한 끝에 결국 헤르메스에게 맞는 수술 계획을 세웠어요. 나는 특수동물 전문가, 마취 전문의, 인턴들, 간호사들로 구성된 팀을 꾸렸어요. 나와 함께 수술실에 들어갈 동료들이었어요. 성공적으로 수술을 마치고 특별히 온도와 조명을 맞춰 놓은 회복실로 헤르메스를 옮겼어요. **일주일도 되지 않아** 헤르메스는 임플란트를 삽입한 부위 안쪽부터 피부를 뚫고 밖으로 나온 금속 막대를 딛고 주변을 돌아다닐 정도가 됐어요. 새 고무 발을 달아 주기도 전이었죠.

헤르메스는 앞에서 말한 의료 윤리나, 어떤 치료가 옳은지에 대한 수의사들의 견해차를 생생하게 보여 주는 사례예요. 내가 헤르메스를 수술하는 내용이 방송에 공개됐을 때, 어떤 수의사들은 헤르메스의 행복을 해쳤다며 나를 고소했어요. 왜냐하면 이들은 헤르메스를 안락사하는 것이 최선이라고 확신했거든요.

반면 나와 내 동료들 그리고 헤르메스의 보호자는 헤르메스의 생명이 연장되도록 도와야 한다고 강력히 주장하는 입장이었죠. 나는 동물들의 권익을 위해 의학기술을 발

전시키고 있다고 믿는 반면, 다른 수의사들은 내가 '비윤리적'이며 '과잉 진료'를 한다고 생각할지도 몰라요. 헤르메스와 이 책에 소개된 환자들의 사례를 보면서 말이에요. 동물들의 미래를 위해 '무엇이 옳은 일인지'는 여러분 스스로 생각해 보고 판단하면 좋겠어요.

지금도 나는 종합적으로 볼 때 우리가 헤르메스에게 한 치료가 잘한 일이라고 생각해요. 안타깝게도 헤르메스는 이 수술을 받고 몇 달 뒤 다른 병으로 세상을 떠났어요. 이 수술과는 무관한 내부 장기 질환이었죠. 우리는 헤르메스에게 새로운 삶의 기회를 주고 싶었지만, 새 다리를 얻고도 몇 달 밖에 살지 못한 거예요. 헤르메스를 돌본 모든 사람들이 무척 속상하고 안타까워했어요. 그동안 힘든 과정을 견디며 헤르메스에게 최선을 다했으니까요.

부러진 날개

영국에 가장 많이 분포한 맹금류는 독수리예요. 시골에서는 이 위풍당당한 새들이 저녁거리, 주로 쥐·토끼·몸집이 좀 더 작은 새 등을 찾기 위해 하늘을 날아다니는 모습을 볼 수 있어요. 그래서 어느 야생동물보호단체가 다친 독

수리를 데려왔을 때, 나는 조류 전문가가 아님에도 꼭 도와주고 싶었어요. 송전선에 부딪혔다는 이 가여운 새는 영상 진단 이미지들을 보니 날개뼈 한 군데가 부러져 있었어요. 야생에서 날지 못하는 새는 금방 죽는다는 건 불 보듯 뻔한 일이었죠. 먹잇감을 사냥할 수 없으니까요.

새는 뼛속이 비어 있다는 사실, 알고 있나요? 이를 의학 용어로 '함기골(공기뼈)'이라고 하는데, 속이 꽉 차고 단단한 사람 뼈와 달리, 새는 빈 뼛속에 공기주머니가 있어요. 그래서 새 뼈의 단면을 보면 구멍이 뻥뻥 뚫려 있어, 마치 부러진 뼈를 지탱해 주는 지지대(스캐폴딩)가 마구 얽혀 있는 것처럼 보이죠. 이 공기주머니는 뼈를 강화하고 비행 압력을 견디게 해 줘요. 또 폐와 상호작용하며 몸 전체에 산소를 전달해, 비행하는 데 필요한 에너지를 공급해 주고요.

우리 인간이 다른 동물들과 공통점이 얼마나 많은지 알면 깜짝 놀랄 거예요. 독수리도 인간처럼 위팔뼈인 상완골과 아래팔의 바깥쪽 뼈인 노뼈(요골)와 안쪽 뼈인 자뼈(척골)가 다 있는데 사실 팔이라기보다 날개로 진화한 것이죠.

이 독수리는 가슴 근처 상완골이 부러졌는데, 손이 잘 닿지 않는 부위였어요. 게다가 새 뼈는 부러지기 쉽고 날개로 공급되는 혈류가 골절 부위를 지나고 있어서 조심해서 수술해야 했어요. 실수로 이 부위를 건드리기라도 하면 날개 고치는 수술도 아무 소용 없을 테니까요. 우리는 독수리를 마취시키고 다친 부위에 난 털을 다 뽑았어요. 부러진 뼛조각을 맞추기 위해 핀을 박는 데도 시간이 한참 걸렸어요. 독수리 상태가 어떨지 보기 위해 마취에서 깨어나길 기다리면서도 무척 긴장됐어요. 사람을 대하듯 '꼼짝하지 말고 푹 쉬어야 한다'고 말해 줄 수도 없어서, 독수리가 날개를 펄럭이지 않도록 날개와 몸에 붕대를 친친 감았어요. 날개를 움직이면 뼈가 뒤틀리고 잘 아물지 않으니까요.

독수리는 병원에서 잠깐 머문 뒤 야생동물보호단체가 데

려가 안정을 취하게 해 줬어요. 이제는 모든 생명체의 어머니인 대자연의 손길로 독수리를 치료할 시간이었죠. 6주 후 엑스레이 사진을 찍어 보니 골절이 완치돼 붕대를 풀었어요. 이 우아하고 아름다운 새가 다시 하늘로 날아오르는 모습을 보며 내 가슴도 벅차올랐답니다.

지구의 수호자들

앞에서 말했듯이 나의 확고한 신념 중 하나가, **집에서 키우는 반려동물에게 쏟는 사랑을 자연 서식지에 사는 야생동물들한테도 나눠 줘야 한다는 거예요.** 내게 이익이 없더라도 나 아닌 다른 존재를 진심으로 돌봐 주려는 마음이 우리를 **인간답게** 해 줘요. '내 이익'을 따지지 않는다는 말은 '조건을 달지 않는다'는 뜻이며 이것이 바로 '무조건적인 사랑'이죠.

반려동물들은 매일 우리를 무조건적으로 사랑해 주는데, 우리도 이를 되돌려줘야 하지 않을까요? 그리고 이 사랑을 지구 생명체 전체를 아끼는 마음으로 확장하는 것이 내 꿈이에요. **동물뿐만 아니라 한 번도 만난 적 없는 타인들에게도 관심을 기울이는 공동체를 세우는 것**이죠. 지구 행성에 함께 거주하는 우리 모두는 서로 연결된 존재예요. 이것은 과학적으로도 증명되는 사실이에요. 왜냐하면 지구 생태계 안에서는 한 사람의 행동이 다른 사람들에게 일파만파로 영향을 미치니까요. 각자의 체험에 비춰 봐도, 우리가 서로 연결됐다는 건 분명한 사실로 나타날 거예요.

아픈 반려동물을 데리고 우리 병원에 온 가족들은 사소한 다툼이나 시름은 까맣게 잊곤 해요. 사랑하는 개나 고양이가 겪는 고통 앞에서 소소한 갈등 따위는 보잘것없어지니까요. **반려동물에게 어떤 일이 벌어질지 걱정하며 하나로 똘똘 뭉치고, 나을 거라는 희망과 사랑으로 모두 한마음이 돼요. 정말 놀라운 광경이죠.** 나는 동물을 치료하고 그들의 고통을 해결할 때마다 보호자 가족들의 모습에서 기쁨과 사랑을 보게 된답니다. 이런 사랑을 세상에 전하면 어떨지 상상해 보세요. 모두가 한마음이 되어 사랑으로 나아간다면 말이에요. 나는 이것을 **모든 살아 있는 존재가 하나로 연결되는 '우주의 끈'**이라고 불러요.

최근에 나는 아프리카로 여행할 기회가 생겨, 자연 서식지에 사는 야생동물들을 볼 수 있었어요. 아마 여러분도 사바나(아프리카의 대초원)의 많은 동물들이 인간 때문에 위험에 처해 있다는 소식을 들었을 거예요. 기후변화로 인한 서식지 감소와 밀렵 등으로 점점 야생동물이 살아남기 힘든 환경이 됐죠. 하지만 많은 사람들이 이에 맞서 싸우고 있어요. 동물 보호구역을 확대해 밀렵꾼들로부터 동물들을 지키고, 원격 무선 감지기를 부착해 동물들의 개체 수와 안전을 밀착 감시하고 있어요. 동물을 아끼는 수많은 사람들이 **하나로** 뭉치지 않았다면 이런 활동을 할 수 없었을 거예요. 이들의 눈동자에 서린 열정과 희망은 정말 깊은 감명을 준답니다. 수의사뿐 아니라 자원봉사자들과 보호구역 관리자들도 아프고 다친 동물을 치료하고 야생으로 돌려보내거나 안식처에서 돌봐 주고 있어요. 우리 인간이 자연과 동물 서식지를 심각하게 훼손시킨 만큼, 적극적으로 나서서 우리가 저질러놓은 문제를 해결해야 해요.

혹시 여러분이 아프리카에 동물들을 보러 갈 기회가 생기면, '지속 가능한 관광'을 해 보면 좋겠어요. 우리가 후대까지 물려줘야 할 자연환경을 해치지 않고, 지역사회로 돈이 환원되는 여행 방식이거든요. 그래야 그곳에 사는 현지인들이 동물들을 더 잘 돌볼 수 있을 테니까요.

용감한 사자 리치

이 여행에서 나는 평생을 함께할 동물을 만났어요. 감금됐다가 구조된 사자 리치는 관절 질환이 심했어요. 갇혀 있는 동안 음식도, 돌봄도 제대로 받지 못한 거예요. 나는 야생에 살다가 인간에게 끌려가 고초를 겪은 리치에게 적절한 돌봄과 네 발로 대평원을 누비며 다시 자유롭게 살 기회를 주는 것이 옳다고 생각했어요. '벳트맨과 용감한 사자가 함께하는 모험 이야기'를 짓던 소년이 마침내 마취제를 맞고 수술대 위에 누운 아프리카 사자 앞에 서게 된 거죠.

멋진 갈기와 접시보다 큰 앞발을 가진 리치는 몸집 크기만으로도 나를 압도했어요. 리치를 치료하기 위해 손상된 관절에 다음 두 가지를 혼합한 주사를 놓았어요.

> 🐾 혈소판: 자기 피에서 추출한, 아주 작은 디스크 모양의 혈류 속 골수세포
>
> 🐾 인공 점탄성 윤활유: 손상된 관절 표면이 서로 부딪히지 않고 매끄럽게 지나갈 수 있도록 도와주는 물질

나는 우리 병원 실험실에서 지방조직으로부터 배양한 소염성 줄기세포를 가져다 활용하고 싶었지만, 아프리카로 직접 공수하긴 어려웠어요. 하지만 리치의 행복을 되찾아 주려고 주어진 여건 속에서 최선을 다했어요.

그런데 집에 돌아오니 또 다른 '리치'가 기분이 상한 것 같았어요. 고양이 리코쳇(줄여서 리치라고 불러요)이 **내게 다가와 콩콩 냄새를 맡더니 눈을 가늘게 뜨는 거예요.** 내가 다른 '고양이'와 함께 지낸 걸 눈치챈 거죠. 심지어 자기보다 갈기도, 앞발도 훨씬 큰 고양이와 말이에요. 아무래도 리코쳇은 우리 모두를 하나로 잇는 '우주의 끈'을 이해하지 못하는 것 같아요. 아니면, 내가 항상 자기 곁에 있어 주기를 바라거나요. 하지만 리코쳇을 탓하진 않아요. 금세 삐친 마음을 풀고 내게 다가와 줬으니까요.

개와 고양이는 영국에서 가장 인기 있는 반려동물이에요. 그 수가 각각 천만을 넘고, 대부분 보호자의 사랑을 받으며 잘 살고 있어요. 나는 이 책에서 다양한 사례를 보여 주며 이 아름답고 섬세한 지구상의 모든 동물들이 우리의 사랑과 보호, 존중을 받을 가치가 있다는 걸 알려 주고 싶어요.

오랜 세월 동안 아주 많은 종류의 동물들을 만나 온 건 정말 특별한 경험이었어요. 그들 모두 보호자들에게 각별한 의미가 있는 대상이자, 자연 생태계의 아주 중요한 부분을 차지하는 존재예요. 나에게는 **사랑**이 무엇인지를 가르쳐 주는 훌륭한 선생님이기도 하죠. 내가 수의사가 된 첫 번째 이유는 동물들의 질병과 부상을 치료하고 고통을 없애 주기 위해서예요. 앞에서 말했듯이 자신이 좋아하는 일을 하면, 단 하루도 '일'이라고 느껴지지 않는답니다. 더 나은 삶을 향해 나아가는 동물들의 모습을 보는 것처럼 기쁜 일도 없거든요.

하지만 수의사로서 지우고 싶은 순간이 없는 건 아니에요. 도대체 어떤 일이 있었는지 궁금하죠? 다음 장에서 자세히 소개할게요.

10장
슈퍼 수의사의 길은 험난해

　방송에 출연해 좋은 점도 많지만, 사실 수의사의 일과를 보면 근사함과는 거리가 멀어요! 동물의 몸속을 헤집고 끔찍한 부상을 치료하는 수술실은 늘 정신없고 선혈이 낭자한 현장이거든요. 수술 가운이나 장갑, 마스크에 핏방울이 날아드는 것쯤은 각오해야 해요.

　수술할 땐 흡입기와 탈지면으로 수술 부위에서 새어 나오는 피를 바로바로 제거하는 보조 수의사나 간호사가 항상 옆에 있어요. 하지만 예상치 못한 일이 벌어지기도 하죠. 반흔 조직(흉터)은 그 안에 혈관이 잘 보이지 않아요. 반흔이 생기면서 혈관의 진행 경로가 바뀌거나 눈에 잘 안 보이게 되거든요. 그래서 메스로 혈관을 잘못 베기라도 하면 피가 눈에 들어가거나 천장까지 닿는 등 사방으로 튈 수 있어요!

　피는 그나마 괜찮아요. 이 딱한 동물들은 내게 오물을

끼었고도 나 몰라라 한다니까요! 밖에서 구르다 묻혀 온 **흙과 풀 따위가 풀풀 날리는 건 예사**고, 똥·콧물·토사물로 범벅이 되는 날도 많아요. 오물이 내게 묻은 줄도 모르고 지낼 때도 많고요. 농장에서 자라다 보면 별일을 다 겪게 되는데요. 어머니는 우리가 밖에서 동물의 배설물이 묻은 속옷을 벗을 때까지 집에 들어오지도 못하게 하셨죠.

머리부터 발끝까지

대동물을 치료하면서 가장 비위가 상했던 순간은 단연코 성난 소가 뒤로 내뿜은 '폭탄'을 맞은 때였어요. 수의사가 하는 일 중 하나가 소 발굽에 난 병을 진단하고 치료하는 거예요. 발굽이 너무 길어지거나 안쪽으로 파고드는 등의 증상이죠. 가장 흔한 건 발굽 감염이에요. 축축한 진흙투성이 땅에 오래 서 있기 때문인데, 계절을 가리지 않고 발생한답니다. '발굽벽(제벽)'은 부드럽고 갈라지기 쉬워요. 소가 날카로운 돌이나 못을 밟아 제벽이 찔리기도 하고요. 그런 상처에 박테리아가 침투하면 '농양'이라고도 하는 고름(누렇거나 푸르스름하고 끈끈한 진액)이 차올라 통증을 느끼게 돼요. 소처럼 육중한 동물이 발굽에 탈이 나면 또 다른 질환으로 이어지기 쉬워요. 다리 위쪽 관절에 압력이 가해져 다리를 절고 걷기 힘들어지죠.

치료 방법은 감염 부위를 소독하기 전에 먼저, 손상됐거나 괴사한 제벽을 제거하는 거예요. 이때 제벽을 너무 깊숙이 잘라 내지 않도록 조심해야 해요. 자칫 '진피'까지 도려낼 위험이 있으니까요. 진피는 혈관이 분포해 있으며 새로운 제벽을 생성하는 민감한 조직이에요. 제벽에 접착제로 특수 블록을 부착하기도 하는데, 상처를 보호하고 잘 걸어 다닐 수 있게 '신발'처럼 신기는 거죠.

나는 초보 수의사 시절 아일랜드의 농가를 돌아다니며 수백 마리의 소를 치료했어요. 하루 종일 일만 하던 시기라, 낮에는 암소와 어미 양의 출산을 돕고 날이 저물어서야 아픈 소들의 발굽을 치료했어요. 트랙터 헤드라이트를 내 쪽으로 켜 놓은 다음 고정대에 묶여 있는 소 엉덩이에 등을 대고 서서, 내 무릎에 소 뒷발을 얹어 놓고 웃자란 제벽을 깎기 시작했어요. 그러다가 민감한 부위를 건드린 탓인지, 갑자기 소가 나를 걷어차고는 꼬리를 들어 올리고 설사를 해 버렸어요. 내가 서 있는 위치상, **똥이 내 머리에 정통으로 날**

아들 수밖에 없었어요. **머리부터 발끝까지 똥을 뒤집어쓰고 말았죠.** 우웩! 나는 눈과 귀에 들어간 똥을 닦아 내며 대동물 수의사로서의 경력이 막바지에 이른 것을 느꼈어요. 대동물은 나와 안 맞는다고 생각했죠.

오물 종합선물세트

1차 동물병원과 피츠패트릭 진료협력병원에도 똥을 맞을 일은 널렸어요. 그렇게 엄청난 양이 머리 위로 한꺼번에 쏟아지지 않는다는 것만 다를 뿐이죠! 한 번은 어떤 강아지 수술을 마치고 방송 인터뷰를 하러 가기로 돼 있었어요. 수술복을 벗고 깨끗한 옷으로 갈아입었죠. 떠나기 전에 마지막으로 강아지 상태를 확인하고 싶어서 회복실로 가 봤어요. 강아지가 어찌나 작고 슬픈 눈으로 나를 쳐다보던지 안아 주지 않고는 못 배기겠는 거예요. 그러자 긴장이 풀렸는지, 강아지가 내 바지에 오줌을 싸 버렸어요!

토사물이 튀는 것도 자주 있는 일이죠. 개와 고양이는 위장이 편하지 않으면 속을 게워내거든요. 약물 부작용으로 토하기도 하고, 뭔가를 잘못 삼켜 배가 아프거나 사람과 마찬가지로 긴장했을 때도 토해요.

일반 동물병원에서 일할 때 단골 환자는 주로 삼키지 말아야 할 것을 삼키고 온 개나 고양이였어요. 특히 래브라도는 눈에 띄는 건 뭐든 먹어 버리는 것으로 유명한데요. 사료든 사람이 먹는 음식이든 가리지 않죠. 심지어 슬리퍼까지 먹어 치운답니다! 개가 먹고 탈 나는 대표적인 음식이 초콜릿이에요. 고양이도 마찬가지고요. 사실 너무 맛있잖아요! 하지만 초콜릿은 '테오브로민'이라는 화합물을 함유하고 있는데, 많은 양을 섭취하면 개와 고양이에게 치명적인 독성이 나타날 수 있어요.

한 번은 엄마와 아이가 개를 데리고 왔어요. 이 개는 양말 두 짝을 토해 냈어요. 소년은 엄마에게 "이것 보세요, 제 잘못이 아니라니까요!"라고 말했어요. 엄마는 양말을 **짝짝이**로 신는 아이를 나무랐는데, 알고 보니 양말을 한 짝씩 먹어 치운 범인이 따로 있었던 거예요.

수의사는 개와 고양이에게 구토제(구토를 유발하는 약)를 주기도 해요. 젊은 남녀 한 쌍이 반려견을 데리고 왔을 때였어요. 고가의 약혼반지를 잃어버렸는데, 반려견이 삼켜 버린 것 같다면서요. 반려견도 자기가 잘못한 걸 아는지 **시무룩한** 표정이었어요. 아니면 다들 자기에게 왜 그러는지 어리둥절했는지도 모르죠!

사연은 이랬어요. 보호자가 테이블 위에 약혼반지를 놔뒀는데, 마침 옆에 빵이 있었고, 개는 빵을 게 눈 감추듯 먹어 치운 것이었죠. 우리는 개에게 구토제를 먹였고, 몇 분 후 개는 빵 조각과 반짝이는 보석을 토해 놓았어요. 반지는 깨끗이 세척한 다음 약혼녀의 손가락에 다시 끼워졌죠. 다음부터는 보호자도 더 조심하게 됐을 거예요. 반지 도둑도 이 일로 교훈을 얻으면 좋으련만, 과연 그럴지는 모르겠군요.

구토제마저 듣지 않으면 몸속에 들어간 이물질을 제거하기가 더욱 어려워져요. 이때는 내시경(길고 유연한 관 끝에 내장을 볼 수 있는 소형 카메라가 달린 도구)을 써요.

1. 먼저 동물에게 진정제나 마취제를 놓아요.

2. 음식물이 지나가는 식도-경우에 따라 위장까지-로 내시
경을 밀어 넣고 이물질을 찾아요.

3. 내시경을 따라 집게를 넣고 끝에 닿는 작은 물체들을 끄집
어내요. 이런 방법으로 작은 빵칼을 찾은 적도 있어요! 내
시경과 빵칼을 함께 천천히 빼냈죠.

개가 어떤 물건들을 삼켰는지 알면 깜짝
놀랄걸요! 소화관 깊숙한 곳에 있는 걸 빼내려면
수술밖에 방법이 없는데요. 내가 일반 동물병원에서 개복
수술로 소장에서 직접 꺼낸 물건들을 꼽자면 **테니스공, 음식
담는 플라스틱 용기, 모자, 장갑, 구두, 자갈, 잎사귀, 장난감 모
형** 등 상상을 초월한답니다.

끈, 리본, 테이프는 삼키면 애벌레 몸체처럼 뭉칠 수
있기 때문에 아주 위험해요. 한번은 루퍼스라는 아주
귀여운 강아지를 치료했을 때였어요. 엄청나게 사
랑스럽지만 개구진 녀석이었죠. 루퍼스는 가족
들이 안 보는 틈을 타 음식물 쓰레기통을 뒤엎
고 내용물을 헤집다가 고깃덩이를 묶
었던 실을 발견하고 삼켰어요. 실은 루퍼스의 조
그마한 창자에 걸려 버렸어요. 창자는 음식물이

지나가는 기다란 관으로, 변을 만드는 대장으로 이어져요!
그런데 실이 창자에 구멍을 내는 바람에 소화된 음식물과
똥이 창자에서 새어 나와 염증을 일으켰어요. 자칫 생명을
잃을 수도 있는 '**복막염**'이죠. 다행히 루퍼스는 수술 후 일주
일간 항생제를 맞으며 복막염을 이겨 냈어요. 이
후로 루퍼스의 가족들은 음식물 쓰레기통을 꼭
선반 위에 올려 뒀어요!

　래브라도 강아지 프레드도 잊을 수 없는 환
자예요. 엄마와 아들이 데려왔는데, 아이는 자
신이 정성껏 만든 **레고 성을 프레드가 먹어 버려서**
속상해했어요. 나는 프레드를 수술하고 장에서 작은 플라
스틱 조각들을 찾아냈어요. 프레드는 수술 부위를 꿰맨 뒤
활기를 되찾았고 엄마도 안도했어요. 하지만 아이는 그리
기쁜 표정이 아니었어요. 레고 조각을 거의 회수했지만, 탑
을 못 찾았거든요. 쥐구멍이라도 찾는 듯한 프레드의 얼굴
을 보니, 이미 배변을 통해 몸 밖으로 빠져나온 게 틀림없
었죠!

　나는 개라면 몸집이 크든 작든 가리
지 않고 다 좋아하지만, 솔직히 대형견

이 더 다루기 힘들고 사고도 많이 친다는 사실은 인정해요. 그레이트데인 종이 재채기할 때 튀어나오는 콧물은 옷이 다 젖을 정도죠. 세인트버나드 종 조지도 인상적인 환자였어요. 이 온순하면서도 덩치 큰 개를 키워 본 사람들은 알겠지만, 보호자가 항상 수건을 가지고 다녀야 해요. 침을 정말 많이 흘리거든요. 한번은 조지 다리에 붕대를 갈아 주려고 했는데, 녀석이 필사적으로 피하지 뭐예요. 실랑이 도중, 조지가 생떼 쓰는 아기처럼 고개를 좌우로 마구 흔들었어요. **거대한 머리통을 휙휙 돌릴 때마다 문어가 몸부림칠 때 촉수가 휘날리는 것처럼 엄청난 양의 침방울이 내 머리에 튀었어요.** 하지만 뭐 어쩌겠어요. 수건으로 닦을 수밖에요. 고맙다, 조지!

개는 귀가 사람보다 밖으로 더 노출돼 있고 견종에 따라 길게 늘어지기도 해서 귓병이 자주 생겨요. 잘 돌아다니니까 외이도에 이물질이 들어가기도 쉽고요. 풀밭에서 놀다가 식물의 씨앗이 귀에 들어가 감염이나 폐색을 일으키는 경우가 많거든요. 얼마나 귓속 깊은 데서 감염이 일어났는지에 따라 치료의 난이도가 달라져요. 이물질은 **겸자를 이용하거나 흡입기를 살짝만 사용**해도 빼낼 수 있어요.

내가 어릴 때, 아버지는 호스를 이용해 자동차에서 디젤 오일(경유)을 빼낸 다음, 이를 다시 화물트럭에 주입하곤 했어요. 호스의 한쪽 끝을 연료 탱크에 꽂고, 경유가 흘러오도록 반대편 호스 끝을 입으로 빨아들이는 거예요. 경유가 입까지 흘러 들어오기 전에 흡입을 제때 멈추는 것이 중요해요(여러분은 절대 따라하지 마세요!).

일반 동물병원에서 일하던 초보 수의사 시절, 외딴 농가에서 털북숭이 개의 귀를 청소해 주다가 마땅한 흡입기가 없어서 나도 이와 비슷한 방법을 썼어요. 하지만 불행히도 제때 흡입을 멈추지 못했죠. 네, 맞아요. 흐물거리는 귀지가 내 입에 다 들어왔어요! 궁금해할까 봐 말해 주는데, 염증이 생긴 귀에서 나온 귀지 맛은 생각보다 별로예요.

이빨, 앞발 그리고 위험한 발굽

이따금 개나 고양이한테 물릴 때가 있어요. 몸이 아픈 동물은 무엇에나 쉽게 충격을 받고 겁을 먹기 일쑤거든요. **여러분이 그 입장이 되어 보세요.** 보호자 손에 이끌려 어딘지도 모르는 곳에 와서 이상한 옷을 걸친 낯선 사람들에게 둘러싸인 상황을요. 사람은 다른 동물의 냄새를 맡지 못하지만, 개는 예민한 후각으로 주변 모든 동물들의 냄새를 맡고 뛰어난 청력으로 온갖 소리를 들을 수 있어요. 당연히 신경이 곤두서겠죠. 고양이도 마찬가지예요. 수의사로서 나름 친절히 대한다 해도, 안 통하는 환자도 많아요! 내 몸에 고양이한테 긁힌 흉터가 그렇게나 많은 걸 보면 말이에요.

초보 수의사였을 때 말도 여러 마리 치료해 봤어요. 특히 암컷이 새끼 낳는 걸 도울 때가 가장 즐거웠어요. 오래된 발굽을 새로 갈아 주는 실력은 신통치 않았지만요. 줄로 말 이빨을 다듬을 땐 좀 무서웠어요. 어금니 가장자리와 뾰족한 부분을 갈아 내야 하는데, 말이 이를 좋아할 리 없으니까요. 들이받거나 손을 물어 버리려고 하거든요. 하지만 **무엇보다 말 엉덩이 쪽을 잘 보고 있어야 해요.** 말과 함께 보내던 나날은, 성난 말 한 마리를 화차(말 운송 화물차)에 싣던 어느 날 슬프게 막을 내렸어요. 눈에 뵈는 게 없다는 듯 날뛰던 말이 내 가슴팍 한가운데를 걷어찼거든요. 뒤로 날아간 나는 콘크리트 바닥에 부딪혀 갈비뼈 두 대가 부러졌어요. 말도 나와 안 맞는다고 생각했죠.

멍멍이 데이트

개는 자신들만의 상호작용 방식으로 이 세상으로부터 우리를 지켜 준답니다. 예를 들면, 상대에게 덤빌 때나 위협할 때를 제외하고는 눈을 잘 응시하지 않아요. 그러니까 잘 모르는 개와 마주치면 눈을 오래 쳐다보지 않는 게 좋아요. **개는 몸짓 언어에 반응하는 동물**이기 때문에 급작스럽고 예상치 못한 동작을 취하면 깜짝 놀라고 불안해하죠.

동물의 행동을 연구하는 과학자들은 개가 사람의 말투와 어조뿐 아니라 다양한 얼굴 표정(웃거나 찡그리는 등)에 반응한다는 사실을 밝혀 냈어요. 인간과 개가 얼마나 오랫동안 함께 살아왔는지 생각해 보면 그리 놀라운 이야기도 아니에요. 개는 어떤 인간이 자신들을 해치는지, 또 어떤 인간이 잘 대해 주는지 알아야 했죠. 그래서 나는 개가 사람의 성격을 잘 판별하게 됐다고 생각해요.

나는 어떤 동물도 일부러 물거나 할퀸다고 생각하지 않아요. '낯선 인간아, 나한테서 떨어져!'라는 동물의 표현 방식일 뿐이죠. 개의 신뢰를 얻기란 쉽지 않아요.

226

특히 개가 낯을 가리고 겁을 먹었을 때는
요. 그래서 나는 거리를 둔 채, 개의 눈높
이에 맞춰 몸을 구부리거나 무릎을 꿇고 앉
아 시선을 살짝 피해요. 이렇게 하면 내가 더 작
고 덜 위협적으로 보이거든요. 그런 다음 개의
영역으로 다가가는 대신, 나한테 개가 다가올 때
까지 가만히 기다려요. 만약 개가 오길 주저하거나 경계하
면 진정될 때까지 시간을 준답니다. 개가 다가오면 눈에 띄
는 동작은 자제하고 차분하게 반응해요. 만질 때도 들이대
는 인상을 주거나 거슬리지 않게 아주 조심스럽게 만져요.
이렇게 하면 대부분의 개가 마음을 열어요. 수의사와 개가
서로 천천히 알아 가는 이 과정을, 나는 '멍멍이 데이트'라고 불
러요.

이 과정이 사람에겐 낯설 거예요. 개를 잘 아는 사람이
아니고서는 개가 무슨 생각을 하는지 파악하기 어려우니까
요. 화가 났거나 낯을 가리거나 겁먹은 개는 행복하고 흥분
한 상태의 개와는 다르게 짖어요. 개가 이빨을 드러내는 것
은 위협하는 것일 수도 있지만 복종하는 제스처
일 수도 있어요. 하품은 피곤하다는 뜻이 아니
라 불안을 나타내요. 너무 좋아서 꼬리를 사정

없이 흔드는 개를 본 적 있을 거예요. 하지만 또 다른 개한 테는 상대방의 흔들리는 꼬리의 각도나 속도가 우리 인간은 알아채기 어려운 의미로 다가올 수 있답니다.

나는 어떤 동물도 '악하게' 태어나지 않는다고 믿어요. 하지만 학대를 당했거나, 타고난 성격 자체가 낯을 가리고 겁이 많아 예민한 반응을 보일 수 있죠. 그렇다면 인내심을 갖고 긴장을 풀어 줘야 할 텐데, 병원에서 짧은 시간 동안만 만날 경우, 쉽지 않은 일이에요. 그럼에도 계속 노력하고 돕는 것이 내 의무라고 생각해요. 수의사를 물고 경계하는 개와 고양이를 보면, '지금이 살면서 가장 힘든 순간인가 보구나. 우리가 이때 만나게 된 것일 뿐'이라는 사실을 떠올리죠. 어떤 동물이든 따뜻한 돌봄과 존중을 받을 자격이 있다는 걸 잊지 않으려고 말이에요.

랄프 구하기

랄프를 치료하는 건 만만치 않은 일이었어요. 몸집이 거대한 랄프는 주름진 이마에 턱살이 축 늘어져 강렬한 인상을 주는 나폴리탄 마스티프 종의 개였죠. 랄프는 주사를 계속 맞아야 했는데, 자기한테 자꾸 따끔한 주삿바늘을 찌르는 사람을 누가 좋아하겠어요? 우리는 치료를 위해 일주일 정도 밤마다 랄프를 켄넬에 들여놓았어요. 그러자 랄프는 우리가 '켄넬 경계 행동'이라고 부르는 모습을 보였어요. 곁에 다가가면 달려들고 으르렁대고 문가로 나가려고 하는 등의 공격적인 태도였죠. 보통 개들은 사람 때문에 불안해지면 도망치려고 해요. 하지만 우리나 켄넬은 피할 공간이 없기 때문에 갇힌 기분이 들어 두렵고 긴장될 수밖에 없는데요. 이런 경우 목소리와 몸짓 언어로 반응을 보이죠. 랄프는 내 몸무게를 육박할 정도로 덩치가 크기 때문에, 이런 대형견을 다룰 땐 개가 사람이나 자신을 해치지 않도록 조심해야 해요.

나는 피츠패트릭 진료협력병원을 지으면서, 막대로 가로막은 케이지식 입원실 대신 항균 처리한 분리식 켄넬 병동을 만들고 안이 들여다보이는 강화 유리문을 달았어요. 부드러운 담요도 깔고 개들이 좋아하는 라디오도 틀어 놓았어요. 더 큰 병동에는 텔레비전을 설치해, 동물들이 최대한 집에 있는 것처럼 편안히 머물 수 있게 했어요. 이 병동을 '피츠-리츠 호텔'이라 불러도 손색없을 정도였죠. 덕분에 환자들의 불안도가 크게 낮아지고 개들이 집단으로 짖어 대는 행동도 눈에 띄게 줄었어요. 하지만 이 모든 조치로도 랄프를 안정시키기엔 역부족이었어요.

나는 **모든 환자들의 신뢰를 얻고 싶었고** 어떤 환자와도 관계 형성에 실패하고 싶지 않았지만, 랄프는 풀기 어려운 시험 같았어요. 나는 랄프의 켄넬 바로 앞에 앉아 있기로 전략을 세우고, 침을 질질 흘리는 랄프의 화난 얼굴을 애써 무시하며 태연히 샌드위치를 먹었어요. 랄프는 내가 자신에게 관심도 없고 어떤 식으로든 위협하거나 자극하지 않는다는 걸 깨닫고 차분해지기 시작했어요. 나는 이 기회를 놓치지 않고 샌드위치를 조금 떼서 문간 아래로 넣어 주고, 친절하게 몇 마디 말을 건넸어요. 하지만 랄프를 똑바로 쳐다보지는 않았어요. 그러자 랄프는 전보다 더 짖어 대며 나오고 싶어 안달했어요. 거대한 앞발로 문을 사정없이 긁기도 했죠.

랄프와 같이 지내는 동안, 시간이 내 편이 돼 줬어요. 밤마다 뚫어져라 쏘아보는 랄프의 눈길을 무시하고 **옆에서 밥을 먹고,** 음식도 나눠 줬어요. 며칠이 지나니, 문을 빠끔 열어도 랄프가 내게 달려들지 않았어요. 마침내 랄프와 가까워져 배도 문질러 줬다고 훈훈하게 이 이야기를 마무리하고 싶지만, 사실 그 단계까지는 못 갔어요. 랄프가 나를 '많이 참아 줬다'고는 말할 수 있겠네요. 바닥에 주저앉아 샌드위치를 먹는 이상한 인간을 더는 그렇게 경계하지 않았다고 말이죠.

여느 인생과 마찬가지로 수의사로서의 삶은 온갖 놀라운 일들의 연속이에요. 가장 중요한 것은 최선을 다할 준비가 돼 있어야 한다는 거예요. 때로는 절충하고 타협도 하지만, 항상 환자를 위해 옳은 것을 선택하고 따뜻한 마음으로 돌볼 준비 말이에요. 극한의 상황이 벌어져 힘들고 불안할 때도 있지만, 이는 배우고 성장하는 기회가 된답니다. 새로운 무언가와 맞닥뜨렸을 땐 심호흡을 하고 머리를 비워 보세요. 그리고 용기 있게 앞으로 한 발 나아가는 거예요!

옴짝달싹 못한 백조

아일랜드 수도 더블린에 비가 억수같이 쏟아지던 어느 날, 나는 중요한 인터뷰 약속에 가려고 급히 택시를 잡아탔어요. 이때 백조 한 마리가 운하로 이어지는 미끄러운 도로면에 고인 빗물 웅덩이로 들어갔어요. 그러다 트럭과 오토

바이 그 외 여러 대의 차가 서 있는 혼잡한 4차선 도로 위에 그만 철퍼덕 고꾸라지고 말았죠. 빨간 신호등을 마주한 **택시에 슈퍼 수의사가 타고 있었던** 게 천운이었어요. 나는 황급히 차에서 내려 얼떨떨해하는 백조 앞으로 달려갔어요. 내가 차에 치일까 봐 걱정하지는 않았어요. 그런 생각은 눈곱만큼도 들지 않았는데요. 수의사의 직업병이랄까요. 위기에 처한 동물을 보면 곧바로 뛰어들게 돼요.

백조에게는 조심스럽게 다가가야 했어요. 자기를 도우려는 걸 모르기 때문에 **쉭쉭거리며 물지도 모르기 때문이죠.** 백조들은 자기들에게 뭐가 좋은지를 알지 못하거든요. 물론 어릴 때 시골에서 양을 치며 자란 나는 백조가 어떻게 나올지 알고 있었어요! 나는 손을 마구 휘저으며 차를 모두 멈춰 세우고, 웃옷을 벗어 흔들며 백조를 도로 바깥으로 몰았어요. 옆에 난 좁다란 길로 옮겨 가도록 유도했죠. 양을 몰 때처럼, 어느 교회 마당으로 들어갈 때까지 백조를 몰았어요. 그런 다음 재빠르게 웃옷을 던져 백조의 날개를 감싸는 동시에 나를 물지 못하도록 목을 꽉 붙잡았어요.

나는 옷으로 감싼 백조를 가슴 가까이 끌어당기고 빠른 걸음으로 운하로 이어지는 길로 되돌아갔어요. 물 위에 백조를 풀어 주는 순간, 뿌듯함이 밀려왔어요. 유유히 헤엄치는 백조를 보며 웃옷을 어깨에 걸치자 내가 마치 슈퍼히어로 백조가 된 기분이었어요. 하지만 기쁨도 잠시, 백조가 웃옷 안에 똥을 푸짐하게 싸 놓은 걸 깨달았죠. 조그마한 똥 덩어리도 아니고, 스트레스를 받아 설사를 한 건지 물똥이 뚝뚝 떨어지는 거예요. 흰색 셔츠까지 다 버렸지만 20분 뒤 라디오방송 인터뷰를 앞두고 있어서 벗을 수도 없었어요!

등 뒤로 흘러내리는 물똥 줄기 때문에 인터뷰 내내 안절부절못했지 뭐예요(덤으로 냄새까지 풍기면서요!). 하지만 이 '똥바가지 비극'은 놀라운 경험으로 바뀌었어요. 이 인터뷰에서 나는 내 신념 중 한 가지를 소개했어요. 바로 인간과 동물이 공평하게 의학 발전의 수혜를 입어야 한다는 믿음 말이에요. 우리는 모두 '휴머니멀즈(인간을 뜻하는 '휴먼'과 동물을 뜻하는 '애니멀'을 합성해 내가 만든 말)'라는 생명체니까요. 이런 주장이 신문 1면을 장식할 날은 오지 않겠지만, 다음 날 신문에 '슈퍼 수의사, 옴짝달싹 못하게 된 더블린 백조를 구하다'라는 기사가 떡하니 실린 거예요! 그러니까 내 백조 친구가 슬픈 일이 있으면 반드시 좋은 일도 있다는 교훈을 일깨워 준 셈이죠. **비록 똥 범벅이 될지라도, 인생은 찬란하다고 말이지요!** 이것이 모두가 들어야 할 백조의 노래, '휴머니멀리티'의 메시지예요.

휴머니멀리티와 하나의 의학

2014년에 나는 '휴머니멀 트러스트'라는 재단을 세웠어요. 사람을 치료하는 의사와 수의사, 의학 연구자들이 함께 의학기술 발전을 도모하자는 아이디어를 실천에 옮기기 위해 만든 자선단체랍니다. 3장에서 '줄기세포부터 생체공학 다리에 이르기까지 동물도 의학 발전의 수혜를 입어야 한다'고 말하면서 함께 소개한 '하나의 의학(원 메디신)'이라는 개념이죠.

외과수술 최전선에 있는 수의사로서 내가 깨달은 것을 인간 의학 발전을 위해 함께 나누고, **동물실험을 통해 인간에게 적용할 수 있었던 제약 기술과 임플란트 등의 최신 의술을 동물에게도 적용하고 싶어요.** 대부분의 사람들은 동물실험과 우리가 누리고 있는 약이나 임플란트의 상관관계를 생각하고 싶어 하지 않아요. 인간을 치료하는 거의 모든 항생제와 항암제, 병든 관절을 대체하는 임플란트는 건강한 동물에게 실험하고 나서 사람에게 적용된 거예요. 이 과정에서 건강하던 동물들이 병을 얻고 가슴 아픈 죽음을 맞았어요. 인간을 위해 희생당한 거죠.

살아생전 내가 꼭 이루고 싶은 첫 번째 목표는 인간에

게 사용하는 약과 의료기술을 우리가 사랑하는 동물들도 누릴 수 있게 만드는 거예요. 동물이 우리를 위해 희생했다면 그 혜택을 동물도 누리는 것이 공평하지 않을까요? 예를 들어, 관절염이 생긴 어깨 관절에 대체하는 임플란트는 약 70년 전 개한테 처음 실험한 이래 지금까지 사용해 오고 있어요. 하지만 **지금까지 전 세계를 통틀어 이 수술이 절실한 개한테 어깨 관절 임플란트를 시술해 주는 의사는 나밖에 없어요.** 나는 이것이 공평하지 않다고 생각해요.

두 번째 목표는 내가 세운 자선단체를 통해 번식과 임상실험에 이용되는 동물의 숫자를 줄이는 거예요. 특히 동물의 자연발생적인 질환을 연구하는 사람들이 쌓은 지식을 공유할 수 있게 돕고 싶어요. 이런 질환들은 사람에게 일어나는 질환과도 무척 비슷하거든요. 이런 바람은 하루아침에 이뤄지지 않아요. 하지만 지금 어떤 일이 벌어지고 있는지 정확히 파악하고 진정한 변화를 이루기 위해 노력한다면 더 나은 미래를 만들 수 있어요.

안타깝게도 법은 사람에게 이용될 수많은 약과 임플란트를 시험할 수 있는 유일한 방법이 동물실험이라고 보고 있어요. 하지만 나는 이미 병을 앓고 있어 치료가 필요한 동물을 돌보는 수의사들을 위한 법률을 만들고 싶어요. 수의사들이 지금 있는 치료법보다 나은 새로운 약과 임플란트를 시도할 수 있도록 말이죠. 이렇게 하는 것이 사람을 위해 아프지도 않은 건강한 동물에게 임플란트와 약을 주는 것보다, 아픈 동물을 제대로 도울 수 있는 방법이에요. 그러려면 수의사들과 보호자들을 보호하는 법과 제도가 필요해요. 제약회사와 임플란트 기업을 위한 충분한 재정(돈)도 마련해야 하고요. 그렇지 않으면 기업들이 협조하지 않거든요.

예를 들어 어떤 항암제가 사람에게 안전하고 효과가 있는지 실험하기 위해 건강한 동물에게 암세포를 주사하는 대신, 이미 같은 종류의 암을 앓고 있어 치료가 필요한 동물을 연구하는 거죠. 선택할 수 있는 치료법들에 대해 보호자와 충분히 의논해서 엄격하고 안전하게 통제된 연구 아래 새로 개발한 약이나 더 효과가 있을 것으로 보이는 약을 써 본다면, 동물이 더욱 오래 살 수 있도록 돕는 셈이 돼요. 또 이 치료법을 사람에게 적용해 볼 수 있고요. 이렇게 하면 동물실험이 줄고 실험에 희생되는 동물 수도 감소할 테니, 모두에게 이득이죠. 제약회사와 임플란트 기업도 돈을 아끼고요. 윈윈 전략이라 할 수 있어요!

나는 인간을 위한 의술에서 많은 영감을 얻는 만큼, **내가 동물에게 하는 수술이 인간 의학 발전에 기여한다면 정말 기쁠 것 같아요.** 그래서 어렵고 힘든 질환이나 부상을 고치기 위해 획기적인 수술을 시도할 때마다 과정을 상세하게 기록해 놓고 있어요. 새로운 의술을 소개한 논문도 부지런히 발표하고 있는데, 내 업적이 사람을 고치는 의사들에게도 도움이 됐으면 좋겠어요. 수의사와 외과의사가 더 긴밀히 협력하고 서로의 지식을 공유한다면, 동물과 사람 모두에게 큰 도움이 될 거예요.

어떤 점이 다르고, 어떤 점이 닮았을까

지구상의 모든 생명체(식물이든 동물이든)는 같은 유기체로부터 진화했어요. 바로 수억 넌 전 우주먼지의 광물질에서 차례로 진화한 거예요. 오늘날 우리 인간은 DNA의 약 84퍼센트를 개와 공유하고, 고양이와는 거의 90퍼센트를 공유하죠. 기본적인 신체 구조도 닮았어요. 팔·다리·뇌·골격, 보고 듣고 냄새를 맡는 감각기관, 숨 쉬는 것을 도와주는 호흡기관, 신체 각 부위로 피를 전달해 주는 심혈관 체계, 음식을 에너지와 배설물로 전환하는 소화관으로 구성돼 있죠. 몸이 치유되는 방식, 감염과 싸우는 면역 체계도 닮은 꼴이랍니다.

사람과 개

- 함께 있으면, 개와 사람 모두 심장 박동수가 느려지다가 일치하게 된답니다. 이런 걸 교감이라고 하겠죠?
- 사람에게 지문이 있는 것과 달리, 개는 발에 지문이 없어요. 대신 코에는 자기만의 독특한 무늬, 비문이 있다는 사실!
- 사람과 개는 골격계가 비슷해요. 하지만 뼈의 개수는 개가 더 많아요. 이빨은 사람보다 열 개 이상 많고, 꼬리뼈는 스물세 개나 된답니다!
- 인간은 전신에 땀이 나지만 개는 발바닥과 코에만 땀샘이 있어요. 그리고 땀을 식힐 때 숨을 헐떡거리죠.

사람과 고양이

- 고양이 뼈의 개수(230개)는 사람(213개)보다 많지만 개(321개)보다는 적어요. 척추골은 약 30개로, 33개

인 사람보다 적지만 훨씬 유연해서 온갖 이상한 모양의 공간에 몸을 끼워 넣을 수 있어요!

- 원시 인류가 속한 영장류는 모두 꼬리가 있었어요. 하지만 현재 사람의 몸에는 꼬리의 흔적인 '미골'이라는 꼬리뼈만 남아 있어요. 꼬리뼈는 여러 개의 등골뼈가 가지런히 이어진 척추 끝에 자리하고 있어요.

- 개와 마찬가지로 고양이도 사람보다 냄새를 훨씬 잘 맡아요. 사람보다 시야도 넓지만, 색을 잘 보지 못하는 색약이라고 해요.

- 고양이는 반투명의 눈꺼풀이 하나 더 있어요. 이를 순막이라고 하는데, 사람은 갖고 있지 않아요. 순막은 다른 동물과 싸우거나 기다란 풀숲을 지날 때 눈을 보호해 줘요.

11장
나의 동물 가족들

나는 집에 동물을 데려와 키우는 사람을 가리킬 때 '주인'이란 말을 잘 쓰지 않아요. 그건 아마도 **자랄 때 내 가장 친한 친구가 개**였고, 동물이 베풀어 주는 무조건적인 사랑을 받아 봤기 때문이겠죠. 대신 '가족'이나 '반려인', '보호자'라는 말을 더 선호해요. 동물병원에 환자를 데려온 사람을 언급할 땐 '엄마', '아빠'라고 부르는 편이고요. 아이가 함께 오면 반려동물의 '형제', '자매'라고 하죠.

그렇다고 동물을 사람으로 보는 건 아니에요. 우리가 직접 우리 삶 가운데 초대한 존재들을 존중하자는 의미이자, 동물을 바라보는 우리의 관점을 살피고 싶은 것이랍니다. 동물은 소유의 대상이 아닌, 우리와 함께 살아가는 존재예요. 같이 소파에 앉아 쉬고, 산책하고, 기쁨과 슬픔을 나누죠. 우리 집에 온 개와 고양이를 온전한 나의 가족이자 소

중한 친구처럼 사랑과 존중을 담아 대접해야 해요. 그들이 아무리 겁내고 상처 입고 긴장해도 **따뜻하게 안아 주기만 하면 상처의 절반은 깨끗이 씻겨 내려갈 거예요.**

인류 역사 초기, 나무 위에 사는 영장류에서 진화하기 시작한 시점부터 우리는 이 세상의 일부였어요. 먹이사슬 체계에 따라 식물과 다른 동물을 잡아먹고, 다른 동물의 먹이가 되기도 했죠. 그 사실을 겸손히 인정해야 해요.

불을 사용하면서부터는 모든 게 달라졌어요. 지상에서 더 안전한 거처를 마련하고, 음식을 불에 익혀 먹으면서 소화도 더 잘 됐어요. 먼 곳으로 이동해 더 큰 공동체를 이루기도 했죠. 지능이 더욱 발달하자 동물의 털이나 다른 재질을 이용해 환경으로부터 자신의 몸을 보호했어요.

이쯤 되니, 인간이 피라미드 꼭대기에 있는 특별한 존재가 된 것 같죠? 발 딛는 곳마다 정복하고 지구의 자원을 이용해 더욱 쉽고 편안한 삶을 살게 됐으니까요. 이 땅에 함께 살아가는 다른 동물들은 안중에 없었어요. 하지만 이건 정말 잘못된 거예요. 어떤 면에서는 인간이 가장 영리하지만, 그렇다고 우리가 더 나은 존재라는 뜻은 아니에요. 우리 마음대로 동물을 이용하고 학대할 권리는 없어요.

정확히 언제부터 개와 고양이가 인간과 가까워지기 시작했는지는 알 수 없어요. 한 가지 확실한 건, 사람과 동물이 **같이** 살기 시작했고 이 관계는 **상호적**이라는 거죠. 동물과 사람 모두에게 이득이 됐다는 뜻이에요. **동물과 사람이 서로 특별하게 연결돼 있다는 사실을, 나는 동물병원에서 날마다 실감하고 있답니다.**

개는 늑대에서 진화했어요. 우리 조상들이 불을 피우면 음식을 얻어먹기 위해 가까이 다가왔던 늑대의 일부가 점차 인간에게 길들여진 거예요. 인간을 도와 가축을 몰고 다른 동물들을 사냥했죠. 사나운 짐승이나 낯선 이가 다가와 우리를 위협하면 이를 경계하고 수호해 줬어요. 그렇게 인간에게 친숙해진 늑대들이 오늘날 우리가 만나는 수백 개의 견종으로 진화한 거예요. 조그마한 치와와부터 대형견 그레이트데인이나, 재롱 많은 래브라도부터 매섭기 짝이 없어 보이는 저먼 셰퍼드에 이르기까지 말이에요.

우리 인간은 견종에 상관없이 개를 잘 돌볼 책임이 있어요. 왜냐하면 사냥, 구조, 경비, 쥐잡기, 경주 등 인간의 필요에 따라 각기 다른 목적으로 개의 품종을 개량해 왔으니까요. 이는 안타깝게도 유전성 질환을 일으켜 개들의 건강에 치명상을 입히기도 했어요. 인간은 이에 대해 앞으로도 계속 책임을 져야 해요. 지금 반려견의 인기는 하늘을 찌를 듯한데, 사람들이 예전처럼 개가 어떤 기능이나 역할을 해 주길 바라서가 아니라 개와 돈독한 우정을 나누고 싶어 하기 때문이에요. 개는 전 세계 어디서나 **우리 삶에 기쁨을 가져다주는 놀라운 동물**이죠. 가족들이 집에 돌아오면, 떨어져 지낸 시간이 고작 십 분밖에 안 됐는데도 가장 반겨 주는 이는 개입니다. 개들은 우리를 믿어 주고 심지어 더 나은 사람이 되도록 만들어 줘요. 그래서 옛날부터 이런 말이 있었죠. '당신의 개가 생각하는 그런 좋은 사람이 돼라!'

고양이는 좀 더 신비한 면이 있어요. 보호자의 일거수일투족을 따르다가 밤에 함께 잠드는 개와 달리, **'야행성'** 동물인 고양이는 해질녘과 새벽에 가장 활발해져요. 인간은 늘 호랑이와 사자처럼 덩치 큰 고양이과 동물들을 무서워했어요. 그럴 수밖에요. 하지만 몸집이 작은 야생 고양이는 개와 똑같은 이유로 사람과 가까이 살았어요. 음식을 얻어

먹으려고 말이에요! 그 보답으로 쥐와 뱀을 쫓아 줬고요. **고양이는 강인한 생존자라서 독립적인 습성을 지녔고 혼자 있기를 좋아하죠.** 몇 시간씩 어디론가 사라졌다가 사냥과 탐색을 마치고 흡족해하며 돌아온답니다. 개는 좀 더 사교적인 성격이에요. 야생에서도 무리 지어 다니고 자신들의 거처에 낯선 동물이 다가와도 잘 받아들이죠. 고양이는 어떤 행동을 할지 예측하기 어려워요. 보호자가 새 반려동물을 데리고 오면 한참을 토라지고 손톱으로 할퀴기까지 해요! 새끼일 땐 그렇게 착하고 사랑스럽더니 크면서 참을성을 잃나 봐요. 개보다 싸울 무기도 많고, 민첩하고, 화났을 때도 기분을 숨기지 않아요. 개보다 고양이의 신뢰를 얻기가 더 어려울 거예요. 고양이는 간식으로 유혹해도 쉽게 다가오지 않거든요. 마치 상대의 꿍꿍이를 다 안다는 듯이 말이에요!

나는 무수히 많은 고양이를 치료하면서 이런 습성을 알게 됐어요. 슬며시 사람 무릎 위에 올라가 자기 귀를 만져도 가만히 내버려두는 고양이가 있는가 하면, 어떤 고양이는 케이지 뒤쪽에 몸을 웅크리고 앉아 하악질을 하며 잔뜩 경계해요. 그러다 눈 깜짝할 사이, 단검을 내지르듯 앞발을 휘두르며 공격을 단행하죠.

인류의 선조들은 개를 길들이는 방법을 터득했지만, 고양이에게는 통하지 않았어요. 오죽하면 '고양이가 사람을 길들인 것'이라는 우스갯소리가 있을까요! **내 가장 친한 친구 둘이 고양이**라 나도 이 말을 듣고 무릎을 치며 웃었답니다.

엑스칼리버와 리코쳇

어릴 때 피라테를 만난 이후, 나는 줄곧 반려동물과 살았어요. 이들과 나눈 우정이 없었다면 살 수 없었을 거예요. 이 책을 쓰는 지금도, **내 반려묘 리코쳇은 어수선한 사무실 한가운데 내 무릎 위에 몸을 웅크리고 있어요.** 엑스칼리버는 병원 옆 들판이 내려다보이는 창밖 난간 위에 앉아 있죠. 이 둘은 진료실이든 병원에 마련해 둔 침실이든 집이든 어디에서나 나와 함께한답니다. 앞에서 말했듯이, 리코쳇은 솜털 같은 적갈색 갈기가 나 있고 곰처럼 커다란 앞발을 가진 다크초콜릿색 고양이에요. 엑스칼리버는 몸집은 리코쳇만 한데, 은빛 털에 얼룩무늬가 있어요. 둘 다 북미에서 아주 오래전부터 살았다고 알려진 메인쿤 종이에요. 덩치는 **크지만 온순한 성격**을 지닌, 내가 말로 표현할 수 없을 만큼 사랑하는 녀석들이죠.

둘 다 정말 멋진 고양이랍니다. 내가 오는 소리가 들리면 문간에서 기다리고 있다가 문이 열리는 순간, 신이 나서 가르랑거리며 반겨 줘요. 내가 책상에서 일하고 있으면 무릎 위에 올라와 앉아요. 리코쳇은 왼쪽을, 엑스칼리버는 오른쪽을 차지하죠. 서로 사이가 좋아서 하나가 내 무릎에 앉으면, 다른 하나는 반대쪽 발치에 가서 앉기도 하고요.

리코쳇은 직관력이 뛰어나고 무척 민감한 성격이에요. 내가 속상하거나 우울해하면 금세 눈치를 채요. 기분이 좋을 때도 마찬가지고요. 무릎 위에 올라와 부르릉거리는 엔진 소리를 내며, 앞발로 내 목을 감싸고 자기 얼굴과 코를 내 뺨에 비비죠. 하루에 예닐곱 번씩 이러는데, **내가 괜찮은지 거듭 확인하는 행동**이에요. 리코쳇의 사랑은 내 삶을 비추는 밝은 불빛 같아요. 나도 리코쳇만 보면 가슴이 벅차오를 정도로 사랑이 솟아난답니다.

엑스칼리버는 '뽀뽀'를 해 주면 자지러지듯 좋아해요. 그래서 녀석의 **털에 코를 박고 마구 비비고 온몸에 간지럼을 태우죠.** 엑스칼리버 몸에서는 항상 싱그러운 코튼 향기가 나요. 엑스칼리버는 리코쳇보다 독립적인 성격으로, 정원에 나가 바닥을 뒹굴며 놀다 낙엽을 묻히고 들어와 침대 위에 흘려 놓죠. 낙엽투성이 침대도 그리 나쁘지 않아요. 녀석이 내 진료실에서 찾은 철사나 나사 따위를 침대에 숨겨 두는 바람에 엉덩이를 찔린 것에 비하면 말이에요! 심지어 침대에서 갈비뼈나 발가락뼈 조각을 찾은 적도 있어요. 그래서 진료실에 있는 뼈 모형에 손대지 못하게 가려 놨어요.

엑스칼리버와 나는 여러 면에서 닮았어요. 우리 둘 다 머릿속에 아이디어가 떠오르면 당장 실행에 옮기지 못해 안달이거든요. 녀석은 침대 끝에 걸터앉아 자기가 무슨 장난을 쳤는지 보라는 듯 짓궂은 미소를 짓곤 한답니다. 어느 늦은 밤, 피곤에 절어 귀마개를 꽂고 침대 속을 파고들었다가 돌연 얼굴에 고양이 침이 흐르는 걸 깨닫고 잠이 확 달아났어요. 낮에 엑스칼리버가 귀마개를 발견하고 질겅질겅 씹어 놨던 거예요. 이번에도 녀석은 야릇한 미소만 지을 뿐이었어요.

리코쳇과 엑스칼리버를 데리고 다닐 땐 하네스를 써요. 낯선 곳을 산책할 때도요. 하네스를 매려 하면 두 녀석이 끝을 잡아당기는 바람에, 신발 끈 묶는 것보다 시간이 더 걸려요. 하지만 덕분에 웃으면서 하루를 시작할 수 있죠. 사무실 침대에서 잠깐 낮잠을 자려고 누우면, 리코쳇과 엑스칼리버는 내가 관심을 보일 때까지 머리맡에서 앞발을 흔들며 춤을 춘답니다. 밥그릇에 물을 잔뜩 따라 줘도 꼭 내 컵에 든 물을 마시려 한다니까요.

두 녀석 덕분에 웃으며 하루를 보내고, 웃음으로 하루를 마무리해요. 잘 때도 안아 달라고 침대로 올라오거든요. 고양이들의 사랑을 한 몸에 받다니, 나는 정말 행운아라고 생각해요. 하지만 단 한 순간도 이를 당연하게 여기지 않았죠.

키이라

나는 우리 병원에 오는 동물들에게 되도록 감정을 이입하지 않으려고 해요. 하지만 의료인으로서, 환자에게 쏟는 애정이 미치는 영향력에 대해 좀 더 솔직해지고 싶어요. 애초에 우리가 이 자리에 있게 된 것도 동물을 사랑하기 때문이니까요. 직업상 나는 아픈 동물들을 자주 만나요. 사랑하는 반려동물이 고통받는 걸 지켜보는 보호자들도 가슴이 찢어지죠. 이들은 내 진료실에 와서 반려동물의 질병으로 인해 겪는 여러 문제들을 털어놓아요. 나는 동물의 건강과 행복을 위해 일하는 수의

사이지만, 보호자의 마음을 돌보는 것도 내 일
이라고 생각해요. 힘든 시간을 보내는 보호자
가 속마음을 털어놓고 마음 편히 기대 울 수
있는 '어깨' 역할 말이지요.

　때로는 보호자에게 안락사를 권할 때도 있어요. 내가
할 수 있는 일이 아무것도 없을 때죠. 소중한 반려동물을
떠나보내는 것만큼 힘든 일도 없겠지만, **보호자 스스로 반려
동물을 위해 최선을 다했다는 것을 인정하고 편하게 받아들이
는 것이 중요해요.** 세상에서 가장 소중한 내 반려견 친구들과
별별 일을 다 겪다 보니, 이건 누구보다 내가 잘 알
아요. 내 반려견 키이라는 털이 삐죽삐죽 뻗은 얼
굴에다 세상에서 둘째가라면 서운할 정도로 근
사한 미소를 가진 보더 테리어였어요.

　개 평균 수명이 12~14년 정도니까, 반려견이 새끼 강
아지일 때 처음 만나면 그 생애를 끝까지 지켜보게 되죠.
목줄을 채우면 잡아당기고 가구를 물어뜯으며 노는 어린
시기부터, 목줄 없이도 보호자의 발꿈치를 가만히 따르는
노년에 이르기까지 전부를요. 개들이 우리를 사랑하는 것
처럼, 처음부터 마지막까지 그들에게 변함없는 사랑을 보
여 주는 것이 우리의 책임이라고 생각해요. **세상에서 가장**

소중한 선물인 '무조건적인' 사랑 말이에요. 반려견이 보호자를 보면 항상 행복해하는 이유 중 하나가, 개의 생애 주기가 우리보다 일곱 배나 빨리 지나가기 때문인 것 같아요. 개한테 하루는 우리의 일주일과 맞먹죠. 그래서 주어진 시간 동안 우리에게 최대한 많은 사랑을 주려고 날마다 그렇게나 큰 사랑과 기쁨을 나눠 주나 봐요.

나는 내내 반려견을 원했지만 키울 여건이 되지 않았어요. 하루에 열여섯, 열일곱 시간씩 일하는 날이 많아서, 하루 두 번 산책 시키고 새끼 강아지가 원하는 만큼 사랑해 주고 관심을 기울일 자신이 없었거든요. 그러다가 같이 일하는 간호사 에이미도 반려견을 키우고 싶어 하는 걸 알고, 한 마리를 데려와 같이 돌보기로 했어요. 에이미의 아들 카일까지 셋이서 키이라의 가족이 돼 주기로 한 거예요.

당시 키이라는 생후 12주 된 강아지였어요. 키이라가 내 품에 뛰어드는 순간, **첫눈에 반하고 말았죠.** 키이라는 에이미의 집과 우리 집 그리고 병원을 오가며 살기 시작했어요. 우리 집에 데려가는 날

엔 껴안고 푹 잠을 잤어요. 병원에선 내 간이침
대 바로 옆에 낡은 티셔츠와 스웨터를 깔아 잠
자리를 마련해 주고 내가 다른 동물들을 돌보
는 사이 편안히 쉬게 해 줬죠.

우리 병원 사람들은 키이라
가 내 뒤를 졸졸 따라다니거나
진료실에서 내 발치에 앉아 있는 모
습, 내가 수술 보고서를 쓰거나 공부하거나 책을 쓰는 동안
코를 골며 자는 모습을 자주 봤을 거예요. 키이라는 참을성
이 많아 짖거나 짓궂은 장난을 치는 법이 없었어요. 산책이
라면 자다가도 벌떡 일어날 정도여서, 내가 목줄을 챙길 때
마다 열렬히 꼬리를 흔들어 댔죠. 몇 년간은 나와 조깅도
같이 했고요. **내가 지쳐 쓰러지면 따뜻한 눈길로 바라보며 나를
일으켜 세웠어요.** 키이라의 사랑은 내가 살면서 받아 본 가
장 단단하고 안정감을 주는 사랑이었어요.

키이라는 나이가 들면서 백내장(안구 수정체에 뿌옇게 혼
탁이 생기는 질환)이 생기고 청력도 떨어지기 시작했어요. 아
침에도 내가 먼저 일어나 키이라의 몸에 부드럽게 손을 얹
고 잠을 깨울 때가 많았어요. 그러면 눈을 끔뻑거리다가 배
를 만져 달라고 몸을 뒤집고 차츰 생기를 되찾았어요. 리코

쳇과 엑스칼리버가 우리 집에 왔을 때도, 키이라는 이 둘을 바로 가족으로 맞아 줬어요. 키이라는 리코쳇과 자기 잠자리에서 몸을 웅크리고 같이 자기도 했답니다. 리코쳇이 자리를 먼저 차지해도 느긋하기만 한 키이라가 얼마나 웃겼는지 몰라요. 자기 침대인데도 좀 비켜 달라고 사정하듯 리코쳇의 코를 비비고는 조용히 옆에 들어가 누웠죠.

키이라가 열세 살 때 불행이 닥쳤어요. 어느 날 저녁, 평소처럼 퇴근하려고 병원 문을 열고 키이라를 차까지 뛰어가도록 앞세웠어요. 그때 승합차 한 대가 엄청나게 빠른 속도로 주차장으로 들어섰어요. 내가 손 쓸 틈도 없었어요. 키이라는 몸집이 작은 데다 밖은 어두웠죠. 운전자는 자기 앞에 작은 개 한 마리가 가고 있다는 걸 몰랐어요.

나는 차를 세우라고 고함을 질렀어요. 그 소리에 놀란 키이라는 몸이 얼어붙었어요. 황급히 키이라에게 달려갔지만 이미 늦은 때였어요. 자동차 바퀴가 치고 지나가던 소리와 키이라가 고통스럽게 울부짖던 소리는 평생 잊을 수 없을 거예요. 눈앞이 캄캄해졌어요. 공포에 휩싸여 오열했어요. 부서진 키이라의 몸을 두 팔로 안아 들었어요. 키이라도 제정신이 아니었는지 처음으로 날 물기까지 했는데, 물린 상처 따위는 신경도 안 쓰였어요. 병원에 있던 동료들이 달려 나왔어요. 나 혼자 있었다면 어쩔 줄 몰라 허둥대기만 했을 텐데, 옆에서 침착하게 상황을 수습해 준 동료들이 얼마나 고맙던지. 그들은 키이라를 병원으로 옮기고 진통제와 수액을 주사했어요. 엑스레이 사진과 CT 스캔도 촬영했는데, 전신마취를 하지는 않았어요. 부상이 너무 심해 움직이지도 못했으니까요.

머릿속에 오만가지 생각이 스쳐 지나갔어요. **어디를 다쳤을까? 살 수 있을까? 다시 걸을 수 있을까?** 나는 여전히 충격에서 헤어 나오지 못했어요. 엑스레이 사진을 보니 엉덩이뼈가 산산조각 난 채로 어긋나 있고 골반과 등 아래쪽, 엉덩이 관절이 손상돼 있었어요. 하지만 골절은 나중 문제였어요. 고칠 수 있는 것이니까요. 더 걱정되는 건 사망을 일으킬 수도 있는 내출혈과 장기 손상이었어요. 동료들은 밤새도록 호흡, 체온, 심장 박동 등 '바이탈 사인(활력 징후)'을 확인했어요.

나는 집으로 돌아갔어요. 동료들을 거들 수 있는 상태가 아니었거든요. 그들은 무슨 소식이 있으면 전화하겠다고 했어요. 멍하니 앉아 있다가 리코쳇을 껴안고 누웠지만 잠이 오지 않았어요. 키이라에게 물린 상처를 치료받으러 나갈 때까지도 키이라는 위독한 상태였어요. 그러다 갑자기 빨리 병원으로 돌아오라는 연락을 받았어요. 나는 이것이 무엇을 의미하는지 잘 알았어요. 나도 돌보던 환자가 죽음이 임박할 때 보호자에게 그렇게 말했으니까요. 어쩌면 마지막 작별 인사를 할 때가 온 건지도 모르죠.

병원에 도착하니 키이라는 힘겹게 숨을 몰아쉬고 있었어요. 우리는 키이라 몸속에서 무슨 일이 벌어지고 있는지 알 수 없었어요. 그래서 급히 건너편 병원으로 옮겼어요. 이 병원은 연조직(뼈나 연골을 제외한 신체의 모든 조직) 질환을 다루기 위해 세웠던 부속병원이에요. CT 스캔을 다시 해 보니, 방광과 복부 내벽이 생명에 위협이 될 정도로 심각하고 광범위하게 손상돼 있었어요. '복막'이라고 하는 이 내벽이 찢겨 출혈이 생기고 방광에서 오줌이 새는 바람에 독성 물질에 노출된 것과 같은 효과를 일으킨 거예요. 한시라도 빨리 조치를 취해야 했어요.

나는 뼈, 근육, 척추 수술 전문이라, 연조직 수술 전문가인 동료들에게 키이라를 넘겼어요. 그날, 이들은 키이라의 목숨을 구했어요. 그 은혜는 평생 잊지 못할 거예요. 회복은 더디고 힘들겠지만, 키이라가 꼭 이겨 낼 거라는 믿음이 있었어요. 두 번째 삶의 기회가 주어진 것이죠. 마취에서 깨어난 키이라 앞에 제일 먼저 보이는 사람이 나였어요. 키이라는 '아빠, 여기 있었네요'라고 말하듯 내 얼굴을 핥았어요. 나는 키이라가 다시 눈을 붙일 때까지 머리를 쓰다듬어 줬어요.

일주일 뒤, 그동안 우려하며 키이라의 상태를 면밀히 지켜봤죠. 나는 키이라의 다른 문제를 고치기 위해 팀을 불러 모았어요. 키이라는 밥을 잘 못 먹었지만, 다음 수술을 버텨 낼 만큼은 체력을 비축한 상태였어요. 이번 수술은 내가 집도할 예정이었어요. 통증 없이 다시 걸을 수 있도록 조각난 골반 뼛조각들과 척추 아래쪽에 있는 엉치뼈, 어긋난 엉덩이 관절을 수술할 계획이었죠. 어려운 수술인 만큼 마음을 다잡아야 했어요. 세상에서 가장 소중한 내 반려견을 수술대에 눕히는 거니까요.

재능 있는 엔지니어이자 동료인 제이가 CT 스캔 이미지에 기초해 키이라의 골절 상태에 맞는 금속 플레이트를 미리 제작해 뒀고, 스크류와 인대 임플란트도 준비했어요. 뼈 어느 부위에 드릴을 뚫을지도 생각해 놨죠. 그런데 막상 손상 부위를 절개하니 예상했던 것보다 훨씬 심각한 상태였어요. 뼈가 조각조각 부서져 있었는데, CT 스캔으로는 이런 작은 조각들을 미처 잡아내지 못한 거예요. 세 시간 정도 걸릴 줄 알았던 수술은 여덟 시간도 넘게 걸렸어요. 수술을 마치고 기진맥진해진 나는 회복병동에 있는 키이라 침대 옆에 드러누워 버렸어요. **키이라의 앞날을 예측할 순 없지만, 우리가 할 수 있는 건 모두 마쳤어요.**

수술을 끝내고 왔을 때, 키이라는 마취가 덜 풀려 정신이 혼미했어요. 하지만 눈동자에 희망이 서려 있고 이번에도 내 얼굴을 핥아 줬죠. 며칠 만에 키이라는 자신의 몸무게를 감당할 정도가 됐어요. 항상 감염 위험이 따르기 때문에 우리는 키이라가 꿰맨 부위를 건드리거나 함부로 움직이지 않도록 주의를 기울였어요.

살아남기 위해 애쓰는 환자들의 집념을 보면 언제나 마음이 뭉클해져요. 이들은 주어진 삶을 불평 없이 감당하려 하죠. 키이라는 놀라울 정도로 빠른 회복세를 보이더니, 엉덩이에 털이 다시 자라고 입맛도 돌아왔어요. 일주일 만에 걷고, 한 달쯤 되자 주변을 돌아다니기 시작했어요. 복도를 따라 천천히 걸으면서 한 줄로 길게 흘려 놓은 콩 집기 게임도 하고 놀았어요. 한 걸음 한 걸음마다 콩을 한 알씩 집으며 근력을 키우는 게임이에요. 키이라는 전보다 걷는 속도가 느리긴 했지만 차근히 잘 해냈어요. **사자 갈기처**

럼 털이 삐쳐 있는 키이라의 작은 얼굴을 볼 때마다 감사한 마음이 솟아 나왔어요.

키이라는 수술 후 일 년을 더 살았어요. 노화가 키이라의 생명을 거둬갈 때까지 그 일 년 동안, 더할 나위 없이 행복하게 지냈죠. 키이라는 심장마비로 세상을 떠났어요. 내 인생에서 그 어떤 것보다 가슴 아픈 일이었어요. 키이라가 살다 간 십사 년 동안, 녀석은 내 가장 친한 친구였어요. 무슨 일이든 털어놓을 수 있고, 희로애락을 함께하며, 평생에 걸쳐 무조건적인 사랑만 보내 준 속 깊은 친구. 키이라와의 우정이 뒷받침되지 않았다면, 피츠패트릭 진료협력병원을 세울 생각은 절대 못 했을 거예요. 키이라가 해맑게 웃는 얼굴로 응원해 주지 않았다면, 그 모든 난관을 헤쳐 나올 용기도 내지 못했을 테고요. 다 이해한다는 듯 지혜롭고 편안한 얼굴로 바라봐 주지 않았다면 이 책에 소개한 새로운 의술 개발이나 수많은 연구도 해내지 못했을 거예요. 내 가슴속에 키이라가 살아 있지 않다면 지금과 같은 수의사가 될 수 없었겠죠. 내가 이 모든 여정을 지나오는 동안 키이라는 영감을 주는 원천이자 등대가 돼 줬어요.

키이라는 털이 삐죽삐죽 서 있고 코를 킁킁거리고 부

스러기를 주워 먹지만, 발바닥이 따끈하고 눈물을 핥아 줄 줄 알고 신날 때마다 꼬리를 마구 흔들던 멋진 개였어요. 한마디로 말해, **내 인생 최고의 사랑이자 내가 만난 가장 멋진 '슈퍼견'이었답니다.** 슈퍼견이라고 부르는 이유는 생체공학 수술을 받아서가 아니라 상상을 초월할 만큼 따뜻한 마음을 지녔기 때문이에요. 내가 그런 키이라의 사랑을 누리다니, 얼마나 큰 행운인지요. 키이라의 초능력은 눈에 보이지도 측정할 수도 없지만, 내가 한 그 어떤 수술이나 영감을 얻은 만화책 속 슈퍼히어로들의 능력보다 훨씬 대단했어요. 키이라의 초능력은 나로 하여금 최선을 다하도록 만들어 주는 '무조건적인 사랑'이었으니까요. 그 사랑은 내가 하는 이 모든 일에 원동력인 진정한 '슈퍼 파워'였어요.

고마워, 키이라. 그리고 사랑한다. 언제까지나. 온 마음을 다해 사랑한다는 걸 기억해 줘.

내가 만난 모든 동물들은 자기만의
삶의 이야기와 사랑하는 가족들이 있었어요.
지금 반려동물과 함께하고 있다면 사랑을 듬뿍 표현해 보세요.
갑자기 이 세상이 꽤 살 만한 곳이라는 걸 깨닫게 될 거예요.

끝나지 않은 메시지

　우리가 동물에게 마음을 열기만 하면 엄청나게 많은 교훈을 얻을 수 있어요. 나는 집에 있는 반려동물뿐 아니라 우리 병원에 온 환자들 그리고 내 삶을 통틀어 지금까지 만난 모든 동물들에게 하루하루 배우고 있어요. 크기에 상관없이 수천 마리의 안타까운 동물들을 보며 살고자 하는 의지와, 우리에게 사랑을 나눠 주고 받을 줄도 아는 그들의 능력에 놀라곤 한답니다. **내가 만난 모든 고양이와 개는 자기들만의 삶의 이야기와 사랑하는 가족들이 있었어요.**

　우리 인간은 커다란 두뇌 용량을 가지고도 오만가지 걱정을 안고 살아요. 돈과 명예, 성공과 실패에 온통 관심이 쏠려 있죠. 그런데 우리의 반려동물들은 그렇지 않아요. 따뜻한 잠자리와 음식, 보호자의 애정 어린 손길만 닿는다면 세상을 다 가진 듯 행복해해요. 극심한 고통에 시달릴 때

조차 보호자만 보면 눈빛에 광채가 돌고 힘겹게나마 꼬리를 흔들죠.

외과 전문 수의사로서 말하는데, 우리가 좀 더 서로를 돌보는 데 힘쓴다면 인간을 위한 의술을 발전시킬 가능성이 크다고 생각해요. 다른 사람을 아끼듯 지구상의 모든 동물을 존중한다면 미래는 밝을 거예요. 물론 인간이 동물의 신뢰를 얻는다는 게 쉽지만은 않아요. 동물을 사람처럼 사랑하기 힘들 수도 있고요. 하지만 그 신뢰를 얻었다면 소중히 여겨야 해요. 영원토록. 사랑의 힘은 어마어마해서 여러분의 삶뿐만 아니라 세상 전체를 바꿀 수 있어요. 한 가지 기쁜 소식은, 사랑은 무한해서 마르고 닳는 법이 없다는 거예요. 찾아서 잘 쓰고 더 멀리 퍼트리기만 하면 돼요.

지금 소중한 반려동물과 함께하고 있다면 사랑을 듬뿍 표현하고 고마움을 전해 보세요. 당장 가서 꼭 껴안아 주세요. 갑자기 이 세상이 꽤 살 만한 곳이라는 걸 깨닫게 될 테니까요.

- 겸자(Forceps): 길고 가느다란 양날을 가진 도구. 의사들이 무언가를 집을 때 쓰죠.
- 고름(Pus): 감염된 상처에서 흘러나오는 액체. 노란색이나 초록색을 띠어요. 고름은 죽은 백혈구, 박테리아, 몸과 혈청에서 떨어져 나온 세포들로 이루어져 있어요. 혈액세포 안의 유동체는 몸 전체를 돌아다니죠.
- 골관절염(Osteoarthritis): 관절을 이루는 모든 조직—관절액, 관절액이 들어 있는 관절액낭, 연골, 연골을 둘러싸거나 그 아래 있는 뼈, 인대 등 관절 주위를 지지하는 조직들—에 나타나는 염증.
- 골반(Pelvis): 척추와 뒷다리를 연결하는 직사각형의 구조의 뼈들.
- 골수(Bone marrow): 뼛속을 채우고 있는 부드럽고 말랑한 조직. 결합조직이라고도 해요. 각 신체 조직과 기관을 연결하는 세포의 혈액세포를 만들고, 모든 종류의 조직을 생산할 수 있는 줄기세포도 있어요.
- 관내장치(Endoprosthesis): 몸속에 삽입하는 인공기관.
- 괴저(Gangrene): 혈액이 공급되지 않아 조직이 썩어 들어가는 현상.

- 내시경(Endoscope): 한쪽에는 조명이, 다른 한쪽에는 신체 내부를 볼 수 있는 카메라가 장착된 외과 도구. 길고 유연한 관 형태예요.
- 노뼈(Radius): 자뼈와 함께 아래 앞다리를 이뤄요. 사람으로 치면 아래팔뼈에 해당하죠. 요골이라고도 해요.
- 넙다리뼈(Femur): 허벅지 뼈. 대퇴골이라고도 해요.
- 등골뼈(Vertebrae): 척추골이라고도 해요. 머리뼈 아래부터 엉덩이까지 이어지며 척추를 이루는 뼈들('등뼈'라고도 하지만, 하나의 뼈가 아니라 작은 뼈들로 이뤄져 있어요). 마치 여러 대의 객차가 이어져 한 대의 기차가 되는 것처럼요. 객차 사이를 잇는 연결 부위가 바로 '척추사이원반(추간판)'이에요. 척추사이원반은 가운데 잼이 들어간 도넛과 같아요. 충격을 흡수하고 척추가 어느 방향으로든 움직일 수 있게 해 주죠.
- 마취제(Anaesthetic): 뇌와 몸 사이를 오가는 수의신경 신호를 차단하는 약. 국소마취는 신체 일부, 특정 부위만 마취시키는 것으로 환자의 의식이 깨어 있는 상태예요. 전신마취는 동물을 완전한 무의식 상태로 유지시켜요.
- 목말뼈(Talus): 발목 관절을 형성하는 뼈들 중 가장 큰 뼈. 경골을 지지하고 발을 움직여 줘요. 거골이라고도 해요.
- 박테리아(Bacteria): 감염을 일으키는 미생물.
- 발꿈치뼈(Calcaneus): 발꿈치를 이루는 커다란 뼈. 종골이라고도 해요.
- 발목뼈(Carpus): 동물의 앞 발목뼈.
- 발허리뼈(Metatarsus): 개나 고양이의 뒷발에서 아치형을 이루는 뼈. 중족골이라고도 해요.
- 방광(Urinary bladder): 오줌을 저장하는 기관으로, 두 개의 오줌관

(요관)을 통해 신장으로부터 오줌을 받는 모습이 부풀어 오른 풍선 같아요. 방광이 가득 차면 뇌가 바깥으로 오줌을 전달할 또 다른 요관을 통해 '풍선'을 비우라는 신호를 보내죠. 먹고 마신 다음, 우리 몸에 필요 없는 액체를 배출하기 위해서예요.

- 복막염(Peritonitis): 배 안쪽에 감염이나 염증이 생긴 것. 이 부위를 '복부'라고 하는데 간, 신장, 창자 등 내장 기관들이 위치하고 있어요.
- 산도(Birth canal): 아기가 태어날 때 지나는 길.
- 살충제(Pesticides): 벌레와 균 등 동식물에 해가 되는 것을 죽이거나 퇴치하는 물질. 농작물과 사람, 큰 동물들의 피해를 막아 줘요.
- 생체공학 수술(Bionic surgery): 원래의 신체 부위와 비슷한 기능을 하는 인공기관이나 임플란트로 대체하는 수술.
- 손허리뼈(Metacarpal bones): 개와 고양이 등 동물의 앞 발목의 관절. 중수골이라고도 해요.
- 손허리손가락관절(Metacarpo-phalangeal joints): 개나 고양이를 포함한 많은 동물들의 앞발가락 관절. 중수지관절이라고도 해요.
- 수액(Drip) 치료: 약물 등 유동액이 든 플라스틱 팩에 주사바늘을 연결해 정맥에 바로 주입하는 처치. 약물이 혈관을 타고 빠르게 전달돼요.
- 식도(Oesophagus): 입에서 위장까지 음식물이 내려가는 길.
- 신경-정형외과 수술(Neuro-orthopaedic surgery): 골격, 관절, 근육, 힘줄, 척추, 신경과 관련된 질환을 고치기 위해 환부를 절개하고 수술하는 것.
- 심장혈관 계통(Cardiovascular system): 심장과 혈관 등 신체 각 부위

에 혈액을 공급하는 순환 체계를 말해요.

- 악성 종양(Malignant tumour): 자라면 암이 되는 종양. 암은 우리 몸 속 세포가 비정상적으로 자라서 뼈, 피부, 내장 기관, 분비선 등 신체 조직을 공격하고 다른 부위까지 옮겨 가 몸을 망가뜨리는 병이에요.

- 안락사(Euthanasia): 의학의 도움으로 환자가 편안히 죽음을 맞도록 하는 거예요.

- 야행성(Crepuscular): 새벽이나 어두울 때 활발하게 활동하는 동물의 성질.

- 양성 종양(Benign tumour): 암세포로 자라지 않는 세포 덩어리. 다른 신체 부위로 퍼지지 않아요.

- 엑스레이(X-ray): 기계로 생성한 엑스레이 광선이 신체를 뚫고 지나가 필름이나 디지털 리시버에 투영한 이미지. 그러니까 이 광선은 신체 반대편에 '밀도도'를 그리게 되는데, 검은색과 흰색으로만 나타나죠. 이를 흔히 '엑스레이'라고 불러요. 하지만 더 정확히 말해 '엑스레이 이미지'예요. 예를 들어, 엑스레이 광선이 통과하지 못하는 뼈는 흰색으로 나타나지만 공기가 가득 차 있어 엑스레이 광선이 통과할 수 있는 폐는 검은색으로 보인답니다.

- 연골(Cartilage): 뼈끝이나 뼈가 자라나는 부위를 감싸는, 단단하면서도 유연하게 구부러지는 연결 조직. 관절연골은 관절 부위에서 뼈들이 서로 부드럽게 맞닿도록 해 줘요. 뼈 끝쪽의 연골에서 만들어진 성장판은 어린 동물이나 아이가 자라면서 뼈가 되죠. 이 성장 연골은 말 그대로 몸을 키워 줘요.

- 염증(Inflammation): 박테리아나 바이러스의 감염이나 부상에 대

해 면역 체계가 일으키는 반응을 말해요. 꽃가루나 화학물질에 대한 알레르기 반응으로 일어나기도 하죠. 불편하지만 회복에 꼭 필요한 과정이에요. 부상이나 감염으로 인한 염증은 발열, 붉어짐, 통증, 부기 증상이 동반된답니다.

- 외부 고정장치(External skeletal fixator, ESF): 부러진 뼈를 제자리에 고정시키기 위해 팔다리 바깥쪽에 설치하는 기구. 피부를 관통해 뼈에 핀과 철사를 고정하고 죔쇠(클램프)로 금속 지지대(스캐폴딩)나 프레임에 부착시켜요.
- 외부 삽입장치(Exoprosthesis): 몸 밖에 부착하는 인공기관.
- 워블러 병(Wobbler Disease): 대형견종이 잘 걸리는 병이에요. 척추질환으로, 뇌에서 목을 거쳐 다리까지 전달되는 신경 신호를 방해하죠. 척추에서 가장 멀리 떨어진 뒷다리가 신경 신호를 잘 받지 못하기 때문에 다리를 심하게 떨게 돼요. 이 병의 이름도 이 증상에서 따왔답니다('워블wobble'은 '떤다'는 의미에요). 이렇게 신경 신호 전달에 장애가 생기는 까닭은 목 부위의 척수가 압박되거나, 추간원판이 튀어나오거나, 기형의 척추골이 척수를 짓누르기 때문이에요. 증상에 따라 '디스크 관련 워블러 증후군(Disc-Associated Wobbler Syndrome, DAWS)'과 '뼈 관련 워블러 증후군(Osseous-Associated Wobbler Syndrome, OAWS)으로 나뉘어요.
- 윤리(Ethics): 자신과 다른 사람을 위한 옳은 규범을 의미해요.
- 인공기관(Prostheses): 인공의 신체기관을 말해요.
- 인도주의(Humane): 존엄성을 인정하고 잘 대해 주는 태도와 생각.
- 임플란트(Implant): 동물이나 사람 몸에 삽입하는 인공 조직이나 기구. 금속 플레이트, 나사, 전기도선(전극) 등을 임플란트라 할

수 있어요.

- 자뼈(Ulna): 아래 앞다리의 뒤쪽에 있는 뼈. 척골이라고도 해요. 사람의 아래팔에 해당하는데, 개와 고양이는 앞다리가 사람 팔과 같거든요.
- 절단(Amputation): 사지를 제거하는 수술.
- 정강이뼈(Tibia): 무릎관절 아래 앞다리 뼈. 경골이라고도 해요.
- 중성화 수술(Neutering): 생식기를 제거하는 수술.
- 창자(Intestine): 사람과 동물의 배 안쪽, 음식물을 소화시키는 내장 기관.
- 청진기(Stethoscope): 심장박동 등 체내의 소리를 듣는 기구.
- 체온계(Thermometer): 몸의 온도를 재는 기구.
- 탈수(Dehydration): 수분 부족 현상.
- 퇴행성 신체 질환(Degenerative health problem): 시간이 지나감에 따라 건강이 악화되는 것.
- 티타늄(Titanium): 아주 단단하고 잘 부식되지 않는 은회색 금속 물질. 신체 조직과 뼈세포들과 잘 어우러져 임플란트 기구를 만들 때 많이 쓰여요.
- 혈관(Blood vessels): 온몸 구석구석 혈액이 흐르는 관.
- 혈소판(Platelets): 골수세포에서 나온 아주 커다란 세포 조각들. 작은 디스크 모양으로, 혈류를 타고 돌아다니죠. 혈관이 손상됐을 때 피를 응고시키고 상처를 낫게 하는 화학물질을 방출해요.
- 호흡기관(Windpipe): 폐로 공기가 들어갔다 나오는 길을 말해요. 의학 용어로는 '기도'라고 한답니다.
- CT 스캔(컴퓨터 단층 촬영술): 컴퓨터 기술을 이용해 특정 신체 부

위의 수많은 엑스레이 이미지를 3차원의 단면 이미지(밀도도)로 만드는 촬영기술.

- DNA: 모든 신체 세포는 그 핵에 유전 정보를 담고 있는 화학물질을 가지고 있어요. 이 물질을 DNA라고 해요.

슈퍼 수의사와 동물들

초판 1쇄 발행 2025년 5월 15일
지은이 노엘 피츠패트릭
그린이 에밀리 폭스
옮긴이 김배경
펴낸이 안종만·안상준
편집 총괄 장혜원
편집 강승혜
디자인 정혜미
마케팅 조은선
제작 고철민·김원표
펴낸곳 (주)박영사
등록 1959년 3월 11일 제300-1959-1호(倫)
주소 서울시 금천구 가산디지털2로 53, 210호(가산동, 한라시그마밸리)
전화 02-733-6771   **팩스** 02-736-4818
이메일 inbook@pybook.co.kr   **홈페이지** www.pybook.co.kr
ISBN 979-11-303-2301-5 43520